智能机电技术丛书

虚拟仪器的测量不确定度评定方法研究

荆学东　著

上海科学技术出版社

内 容 提 要

本书主要研究虚拟仪器的测量不确定度评定方法。虚拟仪器测量分为静态测量和动态测量两种,其相应的测量不确定度与传感器、信号调理器、ADC 及算法的静态测量不确定度和动态测量不确定度有关。全书共分 4 章,包括测量不确定度及其评定方法、虚拟仪器及其不确定度评定方法研究现状、虚拟仪器的静态测量不确定度评定方法、虚拟仪器的动态测量不确定度评定方法。

本书可以为学习和掌握虚拟仪器技术的工程技术人员提供参考,也可作为精密仪器技术、测控技术、机电一体化技术等相关专业的本科生和研究生教材。

图书在版编目(CIP)数据

虚拟仪器的测量不确定度评定方法研究 / 荆学东著.
—上海:上海科学技术出版社,2020.3
(智能机电技术丛书)
ISBN 978 - 7 - 5478 - 4758 - 9

Ⅰ.①虚… Ⅱ.①荆… Ⅲ.①虚拟仪表-测量-不确定度-评定-研究 Ⅳ.①TH86

中国版本图书馆 CIP 数据核字(2020)第 033768 号

虚拟仪器的测量不确定度评定方法研究
荆学东 著

上海世纪出版(集团)有限公司
上 海 科 学 技 术 出 版 社 出版、发行
(上海钦州南路 71 号 邮政编码 200235 www.sstp.cn)
上海盛通时代印刷有限公司印刷

开本 787×1092 1/16 印张 12.5
字数:210 千字
2020 年 3 月第 1 版 2020 年 3 月第 1 次印刷
ISBN 978 - 7 - 5478 - 4758 - 9/TH•84
定价:88.00 元

前　言

　　虚拟仪器的出现是仪器领域的"革命",它克服了传统仪器固有的功能封闭、产品开发周期长、维护困难和升级困难的缺陷,从而使用户成为仪器开发的"主人",即用户可以根据自己的需求自主开发仪器。虚拟仪器是以软件取代了传统仪器中的部分硬件功能,因此软件在仪器中起到了关键性作用。正是因为具有上述优点,虚拟仪器在测量和工控领域得到了广泛应用。当前虚拟仪器技术的研究和应用面临的关键问题之一是如何评价虚拟仪器的准确性,即仪器的测量不确定度,这是当前测试和计量领域的难题之一。本书就是围绕这一问题开展研究。

　　第 1 章介绍了虚拟仪器的概念、虚拟仪器设计和分析面临的基本问题,包括正问题和反问题。正问题即如何评价一个已知仪器的测量不确定度问题;反问题则是虚拟仪器设计阶段所面临的问题,即如何根据仪器的测量不确定度设计指标,为传感器、信号调理器、模数转换器(analog-to-digital converter,ADC)及算法分配合理的测量不确定度。同时也介绍了目前国际标准化组织(ISO)提出的"Guide to the Expression of Uncertainty in Measurement(GUM)"中给出的不确定度定义及其评定方法,这些方法分为测量不确定度评定 A 类方法和测量不确定度评定 B 类方法两种。

　　第 2 章介绍了虚拟仪器的结构组成、测量类型(静态测量和动态测量)及虚拟仪器的主要测量环节,包括传感器、信号调理器、ADC 及算法的静态和动态性能参数,从而为研究传感器、信号调理器、ADC 及算法的静态测量不确定度和动态测量不确定度,研究虚拟仪器静态测量不确定度和动态测量不确定度奠定基础。

　　第 3 章研究了虚拟仪器的静态测量不确定度评定方法。依据测量不确定度 B 类评定方法的原则,本书首先研究了传感器、信号调理器、ADC 及算法的测量不确定度来源。在此基础上提出了基于 Gram-Chariler 级数展开法及基于卷积方法的两种不确定度评定方法。同时针对算法的不确定度评定问题,首先提出了算法不确定度评定流程,最后研究了虚拟仪器测量不确定度评定的正问题和反问题,给出了具体的解决方法。

第 4 章研究了虚拟仪器的动态测量不确定度评定问题。首先基于传递特性研究了传感器、信号调理器的动态测量不确定度评定方法,给出了幅值不确定度和相位不确定度的评定方法。对于 ADC,提出了基于 Z 变换及基于神经网络算法的动态测量不确定度评定方法;之后研究了算法的动态不确定度评定方法。以这些研究为基础,研究了虚拟仪器动态直接测量的不确定度评定方法和间接测量的不确定度评定方法。这些方法为动态测量虚拟仪器的分析和设计奠定了基础。

研究生陈芷、张智慧、黄韡霖和李阳参与了本书相关内容的研究工作,在此表示感谢。本书中的研究得到了国家自然科学基金项目"基于微分流形理论的虚拟仪器测量不确定度评估方法研究"(项目编号:51275310)的支持,在此表示感谢。

作　者

C ontents

目 录

第1章

测量不确定度及其评定方法

仪器测量结果的准确性是仪器使用人员最关心的问题,也是仪器开发人员关心的问题。对于测量和计量领域而言,为衡量测量结果的准确性,先后经历了使用"误差"和"不确定度"两个阶段。"误差"是测量值和真值之间的差异,然而被测量的"真值"是无法获得的,因此"误差"概念的使用有局限性。为了克服"误差"概念的不足,引入了"不确定度"的概念,至今该概念被广泛接受并使用,并成为国际标准化组织(ISO)标准,即"Guide to the Expression of Uncertainty in Measurement(GUM)"[1-2]。GUM 仅仅为评定测量不确定度提出了基本原则和方法,这些原则和方法依赖于对被测量的测量结果的统计分析。

本章基于 GUM 介绍了测量不确定度的定义、测量不确定度的发展历程,以及测量不确定度的评定方法,从而为研究虚拟仪器测量不确定度奠定基础。

1.1　测量不确定度的定义

完整的测量结果包括不确定度的说明,以便使人了解该测得量值的可信度。按照 ISO 等 7 个国际组织于 1995 年联合制定的具有国际指导性的 GUM,测量不确定度定义如下:测量结果带有的一个参数,用以表征合理赋予被测量的分散性,它是被测量客观值在某一量值范围内的一个评定。

测量不确定度是一个说明被测量估计值分散性的参数,也就是说明测量结果的值的不可确定程度和可信程度的参数,它是可以通过评定定量得到的。测量结果的值是通过测量给出的被测量的最佳估计值。由于测量的不完善和人们认识的不足,测得值是一个分散性的值。为了表征测得值的分散值,测量不确定度用标准偏差表示,因为在概率中标准偏差是表征随机变量或概率分布分散性的特征参数。当然,为了定量描述,实际上是用标准偏差的估计值来表示测量的不确定度。估计的标准偏差是一个正值,因此不确定度是一个非负的参数。

在测量不确定度正式成为 ISO 标准以前，测量和计量领域主要使用"误差"的概念。由于被测量的"真实值"难以获得，加上测量结果的获得具有一定的随机性，因此采用"误差"这一概念描述测量结果的准确性显得有些"粗略"。为了弥补"误差"概念的不足，引入了"不确定度"的概念。"不确定度"的概念从提出到被广泛接受，并最终成为国际标准，经历了一个漫长的过程。

根据使用方法的不同，测量不确定度评定方法分为 A 类评定和 B 类评定两种方法。A 类评定方法是指用统计分析的方法确定测量不确定度；B 类评定方法是指采用非统计分析的方法确定测量不确定度。

1.2　　测量不确定度的发展历程

测量不确定度的提出及规范为世界各国提供了统一的计量标准，适用于所有与测量相关的领域。然而测量不确定度从概念提出到成为 ISO 标准经历了一个漫长的过程。

不确定度关系由 1927 年德国物理学家 Heisenberg 在量子力学中提出的"测不准关系"发展而来。1963 年，美国国家标准局（NBS，现为国家标准与技术研究院 NIST）的 Eisenhart 在研究"仪器校准系统的精密度和准确度的估计"时，提出了定量表示不确定度的建议[3]。20 世纪 70 年代，NBS 通过研究和推广测量保证方案（MAP）时，又推动了不确定度的定量表示[4]。不确定度的概念从此逐渐应用于测量领域，但由于表示方法各不相同，又没有统一的规范，测量不确定度的应用并没有被相关领域完全接受。为使各国对测量不确定度运用和表示达成统一，国际计量局（BIPM）就此征集了 32 个国家的国家计量研究院和五个国际组织的意见，最终推荐采用测量不确定度来评定测量结果的建议书 INC - 1(1980)，并在 1981 年国际计量委员会（CIPM）上讨论通过，该建议书推广了测量不确定度的表示原则[5]。在此基础上，1986 年，国际计量委员会要求不同领域的 7 个国际组织（BIPM、IEC、ISO、OIML、IUPAP、IUPAC、IFCC）专门起草关于测量不确定度评定的指导性文件，历经 7 年才于 1993 年以共同名义联合发布了《测量不确定度表示指南》（Guide to the Expression of Uncertainty in Measurement，GUM）[1]，以及第二版《国际通用计量学基本术语》（International Vocabulary of Basic and General Terms in Metrology，VIM）；1995 年又发布了 GUM 的修订版[2]。至今，这两份指导性文件仍是测量不确定度评定普遍应用的根本性文件。

1997 年,上述 7 个国际组织创立了计量学指南联合委员会(JCGM),以便能够进一步推广 GUM 和 VIM 的使用,并且在此前提下制定相关补充文件,在通用术语定义、相关概念、评定方法和报告的表达形式等方面都有了明确统一的规定,以保证 GUM 的评定方法能随着科技的发展不断完善,以便应用于更多领域。我国于 1998 年在 VIM 基础上发布了国家计量技术规范《通用计量术语及定义》(JJF 1001—1998)。1999 年发布了国家计量技术规范《测量不确定度评定与表示》(JJF 1059—1999),完全遵从 GUM 中测量不确定度的评定和表示方法。这也是我国测量不确定度评定最基础的两个指导文件。

随着科学技术的快速发展及计量工作规范的不断完善,2005 年国际实验室认可合作组织(ILAC)也加入了该联合委员会,由 8 个国际组织联合发布相关文件[7]。相继于 2007 年发布了《国际计量学词汇—基本和一般概念及相关术语(VIM)》(ISO/IEC Guide 99:2007),2008 年发布了《测量不确定度表示指南(GUM)》(ISO/IEC Guide 98-3:2008)。为了与国际接轨,并总结我国十几年来应用测量不确定度评定方法的经验,以及进一步规范测量不确定度评定方法的使用,我国国家质检局也重新组织修订了《测量不确定度评定与表示》,特别是修订后的《测量不确定度评定与表示》(JJF 1059.1—2012)[8]充分贯彻了 ISO/IEC Guide 98-3:2008 的宗旨,并基于 ISO/IEC Guide 98-3 补充文件 ISO/IEC Guide 98-3/Suppl-1,JJF 1059—2012 增加了第二部分《用蒙特卡洛法评定测量不确定度技术规范》(JJF 1059.2—2012)[9]。另外,国际组织修订的在计划中待制定的标准部分包括:第二部分概念和基本原理;第三部分 ISO/IEC Guide 98-3 补充件 2——具有任意多个输出量的模型、补充件 3——模型化;第四部分测量不确定度在合格评定中的作用;第五部分最小二乘法的引入。这些部分也是我国需要进一步跟进补充的内容。

1.3　测量不确定度与误差

1.3.1　误差的概念

误差是反映测量值与真实值之间的偏差大小,它等于测量值与真实值的差,表明了测量值与真实值的偏离程度,因而它是一个有正负号的量。按照性质,误差可以分为系统误差和随机误差两类,一个被测量的误差可能同时包括系统误差和随机误差。

1）系统误差

系统误差是指固定不变或者按照一定规律变化的误差。系统误差不能被彻底消除，但可以设法减小，其具体措施包括从产生误差根源上减小系统误差和利用修正方法减小系统误差两种。其中减小固定系统误差的方法包括替代法、抵偿法、交换法等。可以采用对称法减小线性系统误差，可以采用半周期法减小周期性系统误差。当然，对于一个具体的测量过程，也可以考虑采用误差分离技术减小系统误差。

2）随机误差

随机误差也称为偶然误差，是测定过程中的随机因素产生的误差。随机误差的概率分布服从一定的统计规律，因而可以用数理统计的方法研究其统计规律。减小随机误差的方法包括选用精度更高稳定性更好的仪器、使用合格的测量人员、增加测量次数求平均值。

1.3.2　测量不确定度与误差的关系

与误差不同，测量不确定度描述的是测量值的分散性，它是没有符号的数，通常由多次测量值的标准差或由标准差的若干倍数表示。测量不确定度与误差相互关联，且不排斥。

1）测量不确定度与误差的关联

不确定度是在误差的基础上演化得来，在不确定度的评定中一般需要进行相关的误差分析，包括确定误差的来源、性质、大小和分布规律，并依据这些信息确定各个分量的不确定度，以及合成不确定度。

2）测量不确定度与误差的区别

测量误差与确定度在定义、表示方法、计算方法等方面均有不同。测量不确定度的理论不排除误差的概念，而且保留系统误差的概念。与测量误差的概念相比，测量不确定度对测量对象的描述更为精确客观。测量不确定度与误差的区别见表1-1。

表1-1　测量不确定度与误差的区别

序号	测量误差	测量不确定度
1	测量误差表明被测量估计值偏离参考量值所得偏差的大小	测量不确定度表明测量值的分散性

(续表)

序号	测量误差	测量不确定度
2	测量误差是一个有正号或负号的量值,其值是测得值减去被测量的参考量值	测量不确定度是被测量估计值概率分布的一个参数,用标准偏差或标准偏差的倍数表示该参数的值,是一个非负的量。测量不确定度与真值无关
3	误差是客观存在的,不以人的认识程度而改变	测量不确定度与人们对被测量和影响量及测量过程的认识有关
4	参考量值为真值时,测量误差是未知的	测量不确定度可以由人们根据测量数据、资料、经验等信息评定,从而可以定量确定测量不确定度的大小
5	测量误差按其性质可分为随机误差和系统误差	测量不确定度分量评定一般不必区分其性质,若需要区分其性质,可分为随机影响和系统影响
6	测量误差的大小说明测量结果的准确程度	测量不确定度的大小说明测量结果的可信程度
7	已知系统可以对测得值进行修正	不能用测量不确定度对测得值进行修正

1.4　GUM 的使用条件

在根据 GUM 的原则和方法进行测量不确定度评定时,其主要使用条件[1-2]如下:

(1)可以假设输入量的概率分布呈对称分布。

(2)可以假设输入量的概率分布近似为正态分布或 t 分布。

(3)测量模型为线性模型、可以转化为线性模型或可用线性模型近似的模型。

除了上述分布规律外,在具体应用时,有些量可以根据其测量的误差分布范围及分布特点确定其他类型的分布规律,如三角分布、均匀分布(矩形分布)、U 分布等;有些量可以依据对已有数据的统计分析确定其分布规律;有时可以依据前人或者仪器使用人员的经验确定其分布规律。

1.5　测量不确定度的来源

依据 GUM,测量不确定度的主要来源如下:

（1）被测量的定义不完整。

（2）被测量定义的复现不理想,包括复现被测量的测量方法不理想。

（3）取样的代表性不够,即被测量的样本可能不完全代表所定义的被测量。

（4）对测量过程受环境条件的影响认识不足或对环境条件的测量与控制不完善。

（5）模拟式仪器的人员读数偏移。

（6）测量仪器计量性能的局限性。

（7）测量标准或标准物质提供的标准值不准确。

（8）引用的常数或其他参数值不准确。

（9）测量方法、测量程序和测量系统中的近似、假设和不完善。

（10）在相同条件下被测量重复观测值的变化。

（11）修正不完善。

以上 11 个方面只是 GUM 从宏观上给出了产生测量不确定度的主要原因,并不能直接应用于测量不确定度评定。对于具体的被测量的测量,其不确定度来源依赖于对具体测量仪器和测量环境条件的分析。此外,以上所述的11 种不确定来源未必都是相互独立的,某些项可能存在相关性,在此情况下,应尽可能找出独立的不确定度来源;如果某些不确定度来源相关,在评定时就要考虑协方差项,不要进行重复评定,这样可以避免造成评定的测量不确定度结果偏大。

1.6　测量不确定度的评定方法

如上所述,GUM[1]提出了测量不确定度评定分为 A 类评定方法和 B 类评定方法两种。不确定度 A 类评定方法是以统计学理论为基础评定标准不确定度,而 B 类评定方法是依据专业人员的经验和判断,通过分析来评定不确定度。

A 类评定方法和 B 类评定方法仅仅是为了分析测量不确定度方便而引入的,并不意味着产生不确定度因素（成分）有本质上的区别,而且这两种评定方法都基于概率分布,在两种评定方法中,不确定度元素(成分)的不确定度都由方差或标准偏差确定。

然而对于虚拟仪器的测量不确定度评定,A类评定方法和B类评定方法的使用是有区别的,其区别如下:测量不确定度A类评定方法只能在仪器开发完毕并投入使用后,根据仪器测量结果评定测量不确定度,即具有"事后性";相反,在仪器设计初始阶段,需要有效的方法评定仪器测量不确定度,即根据仪器设计指标规定的不确定度,给仪器的相关环节合理分配测量不确定度,从而为选择相应仪器相关环节的器件提供参考。

在应用GUM评定测量不确定度时,有标准偏差、合成标准不确定度和扩展不确定度三种表示方法。标准不确定度为用被测量的测量值的标准偏差表示的不确定度;合成标准不确定度是当结果与多个不同自变量相关时,根据测量过程中被测量的测量值随自变量的变化程度而加权;扩展不确定度以合成标准不确定度若干倍的形式表示。

1.6.1 标准不确定度

当被测量 X 变化具有随机性时,假定其具有某种概率分布。对于随机变量,其最基本的特征是数学期望,当 X 为离散随机变量时,其数学期望 $\mu = E(X) = \sum p_i x_i$,其中 p_i 为随机变量 X 取值 x_i 时的概率。当 X 为连续随机变量时,其数学期望 $\mu = E(X) = \int x f(x) \mathrm{d}x$,其中 $f(x)$ 为随机变量 X 的概率密度函数。随机变量 X 的方差 $\sigma(x)^2 = V(X) = E\{X - \mu\}^2 = E\{X - E(X)\}^2$;标准偏差为 $\sigma(x) = \sqrt{V(X)}$。对于离散随机变量 X,若其方差 μ 已知,则对于 n 次重复测量 $x_1, x_2, \cdots, x_n$,其方差 σ 的估计值 $S(x_i) S^2(x_i) = \dfrac{1}{n} \sum_{i=1}^{n} (x_i - \mu)^2$。若其方差 μ 未知,若以 n 次观测值的平均值 $\bar{x} = \dfrac{1}{n} \sum_{i=1}^{n} x_i$ 近似代替期望值 μ,则标准偏差的估计值也称实验方差 $S^2(x_i) = \dfrac{1}{n-1} \sum_{i=1}^{n} (x_i - \bar{x})^2$,$S(x_i)$ 称作实验标准偏差。

1.6.2 单一被测量的测量不确定度A类评定方法

常用的不确定度A类评定方法包括贝塞尔公式法、最小二乘法、测量过程的合并样本标准偏差法等,最常用的是贝塞尔公式法。应用贝塞尔公式法时,

要对被测量进行 n 次独立重复测量,得到的 n 个相互独立的测量结果 $x_i(i = 1, 2, \cdots, n)$,之后对结果进行修正,在剔除一些误差非正常的值,就可以获得被测量的估计值。具体实施方法是对被测量 X 如果在同一条件下重复进行了 n 次测量,测得 n 个观测值,计算这 n 个值的算术平均值:

$$\overline{X} = \frac{1}{n}\sum_{i=1}^{n}x_i \qquad (1-1)$$

对于单次测量结果的不确定度评定,用实验标准差表示它的标准不确定度 $u(x)$:

$$u(x) = s(x_k) = \sqrt{\frac{\sum_{i=1}^{n}(x_i - \overline{X})^2}{v}} = \sqrt{\frac{\sum_{i=1}^{n}(x_i - \overline{X})^2}{n-1}} \qquad (1-2)$$

式中　　n——测量次数;

　　　　$v = n - 1$—— 自由度。

依据概率论与数理统计理论,GUM 强调:在相同的测量环境条件下进行的测量次数 n 必须足够大,从而尽可能平衡测量中随机误差带来的影响,使得被测量的估计值具有更大的可信度。

有时用算术平均值的方差 $s^2(\overline{X})$ 的正平方根(平均值的实验标准差)$s(\overline{X})$ 而不是单个测量值的方差 $s(x)$ 更适合用于表征测量不确定度 $u_A(x)$。由于平均值方差 $\sigma(\overline{X})$ 与单次测量方差 $\sigma(x)$ 之间满足 $\sigma^2(\overline{X}) = \frac{1}{n}\sigma^2$,故这两种方差估计值 $s(\overline{X})$ 与 $s(x)$ 之间的关系为 $s^2(\overline{X}) = \frac{1}{n}s(x)^2$,此时的不确定度为

$$u_A(x) = s(\overline{X}) = \frac{s(x_k)}{\sqrt{n}} \qquad (1-3)$$

式中　　$s(x_k)$——用统计分析方法获得的任意单个测量值 x_k 的实验标准偏差;

　　　　$s(\overline{X})$——算术平均值 $\overline{X}$ 的实验标准偏差。

A 类评定方法得到的标准不确定度 $u(x)$ 的自由度就是实验标准偏差 $s(x_k)$ 的自由度,$u(x)$ 与 $\sqrt{n}$ 成正比,当标准不确定度较大时,可以通过适当增加测量次数减少其不确定度。

标准不确定度 A 类评定方法流程如图 $1-1$ 所示。

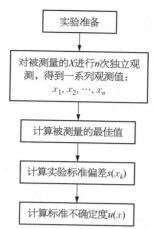

图 1-1 标准不确定度 A 类评定方法流程图

测量不确定度 A 类评定方法的注意事项主要包括如下几项:

（1）A 类评定方法通常比用其他评定方法所得到的不确定度更为客观,并具有统计学的严格性,但要求有足够多的重复测量次数。此外,这一测量过程中的重复测量所得到的测得值应相互独立。

（2）A 类评定时应尽可能考虑随机效应的来源,使其反映到测得值中去。

（3）如果观测数据中存在异常值,应该剔除异常值后再进行 A 类评定。

1.6.3 单一被测量的测量不确定度 B 类评定方法

在评定不确定度时,如果在现有条件下不适宜进行独立重复性测量,可选用不确定度 B 类评定方法,即利用现有的有关信息,综合测量人员的经验做出分析和判断,计算出标准不准确度。

在进行测量不确定度 B 类评定时,可利用的有关信息如下:

（1）测量仪器制造商的说明书。

（2）产品技术规范、检定资质相关证书、测试得到的结果报告及相关的文件信息。

（3）引用相关有价值意义的数据。

（4）先前的测量信息或者进行测量实验获得的数据。

（5）本身材料物理特性及机器设备的性能。

（6）其他有用信息。

根据以上信息,结合评定人员的个人操作能力、经验和观察力,可以大概估算出被测量可能的取值区间$(-e,e)$,根据概率分布得到置信因子k的数值,则根据 B 类评定方法,标准不确定度u可以由以下方法得到:

借助于一切可利用的有关信息进行科学判断得到估计的标准偏差。通常是根据有关信息或经验,判断被测量的可能值区间$[\bar{x}-e,\bar{x}+e]$,假设被测量值的概率分布,根据概率分布和要求的概率p确定k的值,则 B 类评定的标准不确定度$u(x)$可由式(1-4)计算得到:

$$u(x)=u_{B}(x)=\frac{e}{k} \tag{1-4}$$

式中　e——测量的可能值分布区间的半宽度;

　　　k——置信因子或包含因子。

k可以由被测量的概率分布规律确定,常用的概率分布规律包括正态分布、均匀分布、反正弦分布、三角分布、梯形分布和两点分布。由数据修约、测量仪器最大允许误差、参考数据的误差限等导致的不确定度,一般假设为均匀分布,此时$k=\sqrt{3}$。

标准不确定度 B 类评定方法流程如图 1-2 所示。

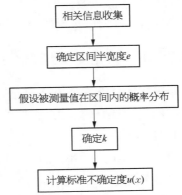

图 1-2　标准不确定度 B 类评定方法流程图

必须指出的是,使用 B 类评定方法需要已知被测量的概率分布状况。在不知道概率分布的情况下可以应用如下几种假设:

(1) 被测量的不确定度分量互相独立且对被测量影响程度近似时,此时认定待测量呈正态分布。

(2) 如果有书面提到不确定度包括含有概率 90%、95%或 99%的扩展不确定度,则可以按照近似正态分布来评定 B 类标准不确定度。

（3）某些特定条件下,只知道被测量值的取值上下限,且被测量的取值在该区间任何位置的概率是一样的,可以假设被测量服从均匀分布;而当被测量的取值在区间中心的概率更大,可以假设被测量服从三角分布;如果被测量的取值在区间的上下限概率更大,而在区间中间的概率很小,则假设被测量服从反正弦分布。

（4）一般当被测量的值落在所处的上下限不确定时,可以认为是均匀分布。

（5）有经验的人员可以具体情况具体分析,由他们选定具体假设为何种概率分布。

1.6.4　不确定度 A 类评定方法与 B 类评定方法的关系

不确定度 A 类评定方法和 B 类评定方法无本质上的差异,只存在评定方式上的差异。A 类评定方法运用统计的方法,通过对测量数据的整理及处理用基本原理计算得到实验标准差;B 类评定方法则根据校准证书或经验直接估计出标准偏差;两者最终都是以标准差形式来表示,且相互之间在有些情况下是可以转化的,其合成方法也完全相同。两者的关系如图 1-3 所示。

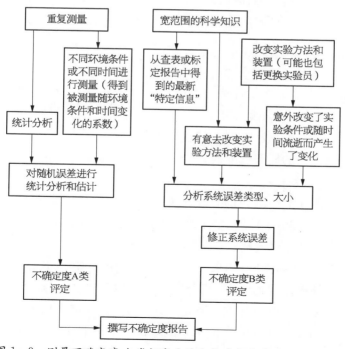

图 1-3　测量不确定度 A 类评定方法和 B 类评定方法之间的关系

1.6.5　扩展不确定度评定

一般情况下,合成标准不确定度可以用来指代被测量的测量不确定度,但是在某些情况下,比如技术规范对概率有所要求、高精度之间的对比、对生产安全要求高的测量中,通常需要指定一个区间,这个区间可以包含被测量结果且置信水平很大,让被测量的结果数值全部位于这个区间中,这就是测量结果的扩展不确定度。

当要求扩展不确定度所确定的置信水平为 $P(P=1-\alpha$,α 称为显著水平)时,扩展不确定度可以根据式(1-5)获得[1]:

$$U_p = k_p u_c \tag{1-5}$$

式中　k_p——置信水平为 P 时的包含因子(置信因子);

$\quad\quad U_p$——扩展不确定度。

测量结果表示为

$$Y = y \pm U_p \tag{1-6}$$

式中　y——被测量 Y 的最佳估计值。

包含因子(置信因子)k_p 的计算按照下式得到:

$$P(y-k_p u_c \leqslant Y \leqslant y+k_p u_c) = \int_{y-k_p u_c}^{y+k_p u_c} f(u)\mathrm{d}u = 1-\alpha \tag{1-7}$$

式中　y——被测量 Y 的最佳估计值;

$\quad\quad u_c$——合成标准不确定度;

$\quad\quad k_p$——置信水平为 P 时的包含因子;

$\quad\quad f(u)$——Y 的概率密度函数;

$\quad\quad \alpha$——显著水平。

根据对被测量 Y 可以获得的信息,k_p 计算有以下两种情况:

(1) 若已知被测量 Y 所属的概率密度函数 $f(u)$,显著水平 α,根据式(1-7)可以计算包含因子 k_p。

(2) GUM 中明确指出,如果不确定度分量相互独立,并且它们各自对被测量估计值的影响程度相同时,其合成分布可以近似为正态分布。通常可以将最佳估计值 y 和其合成标准不确定度求比值,并假定其概率分布,假设为 t 分布,一般情况下 k_p 值为 t 值,因为 t 值随置信水平 P 和有效自由度 v_{eff} 变化而变化,所以写成 $t_p(v_{\mathrm{eff}})$ 值。

根据合成标准不确定度 u_c 的有效自由度 v_{eff} 和需要的置信水平 P(可查"t 分布在不同概率 p 与自由度 v 时的 $t_p(v)$ 值表"[2]),$t_p(v_{eff})$ 值即置信水平为 P 时的包含因子 k_p 值,可通过下式计算:

$$k_p = t_p(v_{eff}) \tag{1-8}$$

其中,v_{eff} 可按下式计算:

$$v_{eff} = \frac{u_c^4}{\sum_{i=1}^{n} \dfrac{c_i^4 u^4(x_i)}{v_i}} \tag{1-9}$$

式中　c_i——灵敏系数;

　　$u(x_i)$——输入量 x_i 的标准不确定度;

　　v_i——$u(x_i)$ 的自由度。

当 $u(x_i)$ 是通过不确定度 A 类评定获得时,其值为由 n 次独立重复观测得到的 $s(x)$,其自由度为 $v_i = n-1$。当 $u(x_i)$ 是通过不确定度 B 类评定获得时,可以根据式(1-10)获得自由度 v_i:

$$v_i \approx \frac{1}{2} \left[\frac{\Delta u(x_i)}{u(x_i)} \right]^{-2} \tag{1-10}$$

式中　$\dfrac{\Delta u(x_i)}{u(x_i)}$——标准不确定度 $u(x_i)$ 的相对不确定度。

1.6.6　含有多元被测分量的测量不确定度合成

在大多数场合,被测量 Y 不能被直接测量,而是由 N 个被测量分量 X_1, X_2, $\cdots$, X_N 决定,即

$$Y = f(X_1, X_2, \cdots, X_N) \tag{1-11}$$

其中,X_i 既表示被测物理量,也表示随机变量,即被测量 X_i 观测值的可能结果。当然,因为 X_i 是某种随机量,它具有某种概率分布。在一系列观测值中,X_i 的第 i 次观测值用 X_{ik} 表示。X_i 的估计值或数学期望用 x_i 表示。

被测量 Y 的估计值 y 可由 X_1, X_2, $\cdots$, X_N 估计值(数学期望)x_1, x_2, $\cdots$, x_N 确定:

$$y = f(x_1, x_2, \cdots, x_N) \tag{1-12}$$

在某些情况下,量 Y 的估计值 y 可由统计方法获得,即

$$y = \frac{1}{n} \sum_{i=1}^{n} Y_i \qquad (1-13)$$

y 是 n 个独立获得的 Y_i 的算术平均值。Y_i 具有相同的不确定度 u_i，而 Y_i 有 N 个输入量 X_i。用这种方法确定 y 而不采用 $y = f(\overline{X}_1, \overline{X}_{2i}, \cdots, \overline{X}_N)$，其中 $\overline{X}_i = \frac{1}{n} \sum_{k=1}^{n} X_{ik}$ 确定 y，因为这种方法更合理，尤其是当 f 是 $X_1, X_2, \cdots, X_N$ 的非线性函数时。

测量结果 y 的标准偏差估计值也称为合成标准偏差估计值 $u_c(y)$，由每个估计量的标准偏差 $u(x_i)$ 决定。

按照 GUM 中的不确定度传播定律，被测量的估计值 y 被表述为 $y = f(x_1, x_2, \cdots, x_N)$，被测量估计值 y 的合成不确定度可以表示为

$$u_c(y) = \sqrt{\sum_{i=1}^{N} \left(\frac{\partial f}{\partial x_i}\right)^2 u_2(x_i) + 2\sum_{i=1}^{N-1} \sum_{j=i+1}^{N} \frac{\partial f}{\partial x_i} \frac{\partial f}{\partial x_j} r(x_i, x_j) u(x_i) u(x_j)}$$

$$(1-14)$$

式中　y——输出量的估计值，即被测量 Y 的估计值；

　　　x_i、y_i——第 i 个和第 j 个输入量的估计值，$i \neq j$；

　　　N——输入量的数量；

　　　$\frac{\partial f}{\partial x_i}$——测量函数对于第 i 个输入量 X_i 在估计值 x_i 点的偏导数，称为

　　　　　　灵敏系数，也可用符号 c_i 表示；

　　　$u(x_i)$——输入量 x_i 的标准不确定度；

　　　$u(y_i)$——输入量 x_j 的标准不确定度；

　　　$r(x_i, y_i)$——输入量 x_i 与 x_j 的相关系数估计值；

　　　$r(x_i, y_i)u(x_i)u(x_j)$——输入量 x_i 与 x_j 的协方差估计值，且

$$r(x_i, y_i)u(x_i)u(x_j) = u(x_i, x_j)$$

当各不确定度分量之间不相关时，合成不确定度可以被表示为

$$u_c = \sqrt{u_1^2 + u_2^2 + \cdots + u_n^2} \qquad (1-15)$$

式中　u_i——各个不确定度分量的标准不确定度，i 取决于不确定度分量的个数。

计算合成标准不确定度的流程如图 1-4 所示。

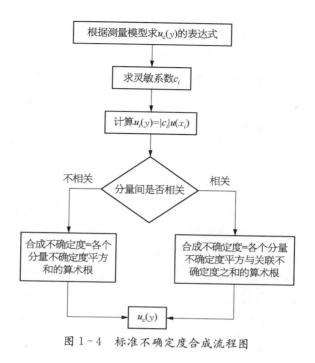

图 1-4　标准不确定度合成流程图

1.6.7　测量不确定度报告

测量不确定度的报告内容包括被测量的数学模型、不确定度来源、各个不确定度分量的标准不确定度评定方法、灵敏系数、输出量的不确定度分量、合成标准不确定度、扩展不确定度。

（1）如果测量结果是用合成标准不确定度表示时，可按照如下表示方法：

例如：某物块的质量为 Z，Z 的估计值为 10.014 46 g，合成测量不确定度 $u_c(z)$ 为 0.23 mg，则该物块测量结果的报告可表示为

$$Z = 10.014\ 46\ \text{g},\ u_c(z) = 0.23\ \text{mg};\ Z = 10.014\ 46(23)\text{g};$$
$$Z = 10.014\ 46(0.000\ 23)\text{g}$$

（2）当测量结果使用扩展不确定度报告时，应按下例中的四种形式之一来表示：

例如：某物块的质量为 Z，Z 的估计值为 10.013 46 g，合成标准不确定度 $u_c(z)$ 为 0.23 mg，取包含因子 $k = 2$，$U = ku_c(z) = 2 \times 0.23\ \text{mg} = 0.46\ \text{mg}$。则测量结果的报告形式为

$$Y = 10.013\,46\ \text{g}; \ U = 0.46\ \text{mg}, \ k = 2; \ Y = (10.013\,46 \pm 0.000\,46)\text{g},$$
$$k = 2; \ Y = 10.013\,46(46)\text{g}$$

仪器测量不确定度评定,首先要分析和确定不确定度来源及每一种来源的性质,特别是其统计学特性,如概率密度分布特点等。当然也需要分析这些不确定度来源之间的相关性。在此基础上,根据所能获得的与测量相关的信息,依据 GUM 的基本原则,决定采用测量不确定度 A 类评定方法或 B 类评定方法。

GUM 提出的测量不确定度 A 类评定方法和 B 类评定方法为研究测量仪器的测量不确定度提供了基本方法。然而当研究一个具体测量仪器的测量不确定度问题,特别是虚拟仪器的测量不确定度问题时会面临新的问题和挑战,这些问题包括如何评价虚拟仪器中传感器、信号调理器、ADC(analog-to-digital converter,模数转换器)及算法的测量不确定度问题,也包括如何建立虚拟仪器测量不确定度与仪器每一个环节的测量不确定度关系问题,这些问题在 GUM 中并没有给出具体的解决方法,也是当前计量和测试领域面临的难题。

参 考 文 献

[1] ISO. Guide to the expression of uncertainty in measurement [S]. ISO, 1993.

[2] ISO. Guide to the expression of uncertainty in measurement [S]. ISO, 1995.

[3] Eisenhart C. Realistic evaluation of the precision and accuracy of instrument calibration systems [J]. Journal of Research of the National Bureau of Standards-C. Engineering and Instrumentation, 1963, 67C(2).

[4] Belanger, Brian & Croarkin, National Bureau of Standards. Measurement assurance programs [Z], 1984.

[5] 刘景莉. 电磁兼容骚扰测试不确定度评定[D]. 天津:天津大学, 2008.

[6] ISO. International vocabulary of basic and general standard terms in metrology (VIM) [S]. ISO, 1993.

[7] Bich W, Cox M G, Harris P M. Evaluation of the guide to the expression of uncertainty in measurement [J]. Metrologia, 2006, 43(4): 161 - 166.

[8] 全国法制计量管理计量技术委员会. 测量不确定度评定与表示:JJF 1059.1—2012[S]. 北京:中国标准出版社, 2013.

[9] ISO/IEC. Guide 98 - 3/Suppl - 1: uncertainty of measurement — part 3/supplement 1: propagation of distributions using a Monte Carlo method [S]. ISO/IEC, 2008.

第2章　虚拟仪器及其不确定度
评定方法研究现状

一个虚拟仪器一般包括传感器、信号调理器、ADC（analog-to-digital converter，模数转换器）、计算机和算法。仪器测量结果的不确定度必然与传感器的不确定度、信号调理器的不确定度、ADC 的不确定度、计算机的不确定度及算法的不确定度有关。截至目前，GUM 不但没有针对传感器、信号调理器、ADC、计算机和算法的测量不确定度评定给出具体的方法，更没有给出如何确定仪器测量结果的不确定度与传感器的不确定度、信号调理器的不确定度、ADC 的不确定度、计算机的不确定度及算法的不确定度的关系。上述问题都是当前虚拟仪器技术研究所面临的主要问题。

为了研究上述问题，本章首先提出了虚拟仪器的概念、分类及主要性能参数，这些内容是研究虚拟仪器测量不确定度的基础；之后阐述了虚拟仪器测量不确定度评定方法的研究现状及急需解决的关键问题，也介绍了虚拟仪器不确定度的研究内容、研究方法及应用前景。

2.1　虚拟仪器的概念

传感器技术、ADC 技术（也称 A/D 转换技术）、计算机技术及 DSP（digital signal processing，数字信号处理）技术促使了虚拟仪器技术的诞生。虚拟仪器的出现克服了以硬件为主的传统仪器所存在的功能封闭、升级困难和成本高等缺陷，从此仪器也可以由"用户"自己定义。既然是仪器就有准确性的问题，如何评价虚拟仪器测量的准确性，即如何评定虚拟仪器的测量不确定度问题，是目前虚拟仪器技术研究和应用所面临的主要问题之一。

虚拟仪器（virtual instrument，VI）的研究始于美国斯坦福大学和马里兰大学，作为概念产品于 1986 年由美国国家仪器公司（National Instrument，NI）开发的 LabVIEW（Laboratory Virtual Instrument Engineering Workbench）首先实现[1]。虚拟仪器的出现克服了以硬件为主的传统仪器的功能只能由厂家定义而用户难以改变的缺陷。

　　虚拟仪器典型应用如图 2－1 所示。迄今虚拟仪器尚无公认的定义,但就功能而言,虚拟仪器是基于计算机的仪器,仪器工作时通过操纵位于计算机屏幕虚拟面板上的"按钮"来完成检测或者控制任务;与以硬件为主的传统仪器不同,在虚拟仪器中数据采集和信号调理控制、信号处理及结果显示等主要通过软件实现。

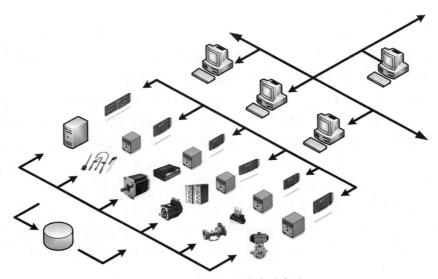

图 2－1　虚拟仪器的典型应用

　　虚拟仪器是"虚"和"实"的统一。虚拟仪器中的"虚"即软件化,它表现在两方面:其一,操纵该仪器的开关、按钮等并不是实际的物理器件,而是位于计算机屏幕上控制面板上的"控件";其二,该仪器中的信号分析和处理等功能不是由传统仪器中的硬件电路来实现,而是通过软件(算法)来实现。因而虚拟仪器并不"虚",它是"实实在在"的仪器,和传统仪器一样,也是用来完成检测和控制任务。在仪器的测量环节中,不是所有的部分都能"虚拟",即软件化,例如传感器和 ADC 就不能软件化。

　　与以硬件为主的传统仪器相比,虚拟仪器的优点如下[2]:

　　(1)虚拟仪器开发成本低,并具有开放性、可重复使用及人机界面友好等优点。虚拟仪器可以集成多种仪器,且使用便捷。虚拟仪器是硬件和软件的有机结合,该仪器的测量精度等指标主要取决于硬件性能,而其功能则主要由软件决定。但是测量系统中,不是所有的环节都能"虚拟",即软件化。

(2)虚拟仪器技术和网络技术、通信技术相结合,出现了网络化的虚拟仪器,它不但可以根据需要使分布于不同区域的测试仪器组成一个完整的测试系统,也可以使得仪器的检测部分(传感器)和信号处理部分分离,从而可以充分利用分布于不同区域的资源。

(3)几何参量和机械参量的测量是虚拟仪器发展的一个方向,也是虚拟仪器开发的难点之一,这是因为几何量和机械参量测量需要准确的"基准"。

(4)虚拟仪器可以运行于不同的操作系统,如 Windows 操作系统、Linux 操作系统等;也可以基于不同的高级语言开发,如 C、C++、Delphi 等,前提是选用的 ADC 能够提供相应操作系统下的驱动程序。

2.2　虚拟仪器的结构组成

虚拟仪器包括硬件系统和软件系统两部分,如图 2-2 所示。从功能上,虚拟仪器可以分为测量类虚拟仪器和控制类虚拟仪器两类。控制类虚拟仪器主要完成步进电机、伺服电机、泵和阀等对象的控制;作为测量用虚拟仪器,仪器中的硬件系统主要包括传感器、信号调理器、ADC 和计算机,其主要功能是建立从由被测对象或控制对象到计算机之间的信号传输通道;而软件系统主要完成仪器的运行控制、信号分析和处理功能。凡是信号流经的环节,都有会影响仪器测量结果的准确性,即对仪器测量不确定度产生影响。

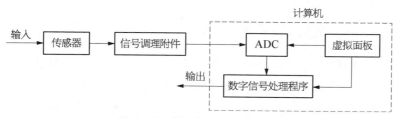

图 2-2　虚拟仪器的典型结构

2.3　虚拟仪器测量分类

为了便于研究虚拟仪器的测量不确定度评定方法,需要对虚拟仪器进行分类：一种分类方法是按照被测量获得的途径可以分为直接测量和间接测量两类；另一种分类方法是按照被测量有无变化可以分为静态测量和动态测量两类。因此这两种分类有四种组合，一个实际的虚拟仪器一定是这四种组合之一。

2.3.1　按照被测量获得的方法分类

按照被测量获得的方法，虚拟仪器可以分为直接测量和间接测量两类，这种分类方法实际上与获取被测量的传感器有关，即如果有传感器能够直接获得被测量，则为直接测量；若果被测量需要两种或两种不同的传感器测量才能获得，则为间接测量。

1）虚拟仪器直接测量

直接测量就是被测量可由一种传感器获得，并无须通过数学模型计算，直接由虚拟仪器获得测量结果。如测量电路的电压、电流，可以分别利用电压传感器和电流传感器直接获得测量结果。

2）虚拟仪器间接测量

被测量 y 不能由或者难以由一种传感器通过直接测量获得，但它与某些物理量 x_1, x_2, $\cdots$, x_n 之间存在函数关系 $y = f(x_1, x_2, \cdots, x_n)$，在确定或者通过直接测量获得 x_1, x_2, $\cdots$, x_n 后，通过函数关系计算出被测量 y。如测量电路中的功率 p，由于电功率 p 不能直接测量获得，但是它与电路电压 u 和电流 i 的关系为 $p = ui$，可以分别测量出电路中的瞬时电压和电流，利用模型 $p = ui$ 通过计算求得功率，这种测量就属于间接测量。

2.3.2　按照被测量是否变化分类

按照被测量变化快慢，虚拟仪器测量可以分为静态测量和动态测量。当然，这种分类不是绝对的，当被测量的变化对于测量结果的要求而言可以忽略不计时，就可以作为静态测量处理；反之，当被测量的变化对于测量结果的要求而言难以忽略不计时，就作为动态测量处理。

1）虚拟仪器静态测量

虚拟仪器静态测量是指利用虚拟仪器对一些固定不变或者变化较为缓慢的参量进行测量，如用伏-安法测量电阻、用直流电桥测量应变、对于轴承内外径的测量等，都属于静态测量。这些参量的测量结果主要是与幅值大小有关。对于静态测量，可以借助 ISO 标准 GUM 中的测量不确定度基本原则和方法为仪器单一环节,如传感器的测量不确定度评定提供参考;同时针对仪器测量结果不确定度评定,也可以依据 GUM 的原则应用统计学原理和蒙特卡洛方法的评定测量结果的不确定度。但是这些方法具有"事后性",即只有仪器开发出来并投入使用,才能根据测量结果评定测量不确定度,因而难以在仪器开发阶段就评定仪器测量不确定度。GUM 提出测量不确定度评定原则和方法主要适用于静态测量,尽管如此,GUM 也没有给出仪器的各个测量环节的不确定度对整个仪器测量结果不确定度的影响,这是本书的研究内容之一。

当然,对于虚拟仪器静态测量,传感器、信号调理器、ADC 和计算机乃至软件(测量算法)的静态不确定度对仪器测量结果的不确定度都有影响,而首先需要解决的问题是如何评定这些环节的不确定度。

2) 虚拟仪器动态测量

虚拟仪器动态测量是指利用虚拟仪器对一些变化较快的参量进行测量,如机器噪声信号的测量、人的声音信号测量就属于动态测量。动态测量结果主要与幅值及频率大小有关。截至目前,GUM 中没有针对仪器的动态测量不确定度评定提出基本原则和方法,为了尝试解决这一问题,本书研究了虚拟仪器动态直接测量和间接测量的不确定度评定方法。

对于虚拟仪器动态测量,传感器、信号调理器、ADC 和计算机乃至软件(测量算法)的动态不确定度对仪器测量结果的动态不确定度都有影响。现在面临的问题是如何量化并减小这些影响。

如上所述,虚拟仪器可以分为直接测量和间接测量,也可以分为动态测量和静态测量,因而组合起来,它们有虚拟仪器静态直接测量、虚拟仪器静态间接测量、虚拟仪器动态间接测量和虚拟仪器动态间接测量四种方式。虚拟仪器的测量不确定度评定需要针对这四种测量方式给出具体的评定方法。

2.4　虚拟仪器主要测量环节的性能参数

一个完整的虚拟仪器包括传感器、信号调理器、ADC、算法和计算机五个环节,它们具有不同类型的静态特性和动态特性,这些特性分别对虚拟仪器静态测量不确定度和动态测量不确定度有直接影响。在分析上述五个环节的测量不确定度前,需要先确定它们的静态特性指标和动态特性指标的大小和适用条件。

2.4.1　传感器的主要性能参数

传感器的主要性能参数包括静态性能参数和动态性能参数。其中静态特性表示传感器在被测量处于稳定状态时的输入-输出特性，是传感器最基本的性能要求；而动态特性表示传感器对变化较大输入的跟随能力。对于一个具体类型和型号的传感器而言，其技术规范一般会给出静态性能指标和动态性能指标的种类、大小和应用条件。

2.4.1.1　传感器的主要静态性能参数

在静态测量场合，传感器的性能参数和技术指标表示了传感器固有的几何、物理特性，以及实际应用的适用性。这些参数和技术指标可以用于分析传感器的不确定度来源；了解其性能参数和工作特性有助于评定传感器的测量不确定度。传感器的主要静态性能参数包括线性度、滞后、重复性、灵敏度、温度漂移和精度等。

1）线性度

线性度反映的是输入与输出之间实际关联曲线与其拟合直线不一致的程度。理想的传感器是它的输出与输入呈线性且接近被测量真值；但实际的传感器的输出多少都会存在偏差，不能完全准确地反映被测量的变化；这种偏差则是校准直线与标准直线（工作直线）的最大偏差，可如下表示：

$$\delta_1 = \pm \frac{\Delta_{\max}}{Q_n} \times 100\% \qquad (2-1)$$

式中　$\Delta_{\max}$——输出的平均值与工作值或理论值之间的最大偏差；

　　　Q_n——满量程输出的平均值。

线性度的拟合方法较多，常用的有理论线性度、独立线性度和端基线性度等，不同方法得到的线性度其偏差表示法也不一；实际使用中给出的传感器线性度应明确指出工作直线经何种拟合方法得到。

理论线性度也称绝对线性度，其规定的理论直线与实际测量值无关，而以0%设置为起点，测量上限输出值100%设置成终止点，如图2-3所示；其中独立线性度是指将校准曲线调整至与规定直线最大偏差为最小时刻的贴近程度，如图2-4所示；端基线性度是指尽可能将两者的最大值和最小值调至重合时的线性度，如图2-5所示；零基线性度的校准曲线和规定曲线的最大偏差等于负偏差，如图2-6所示。

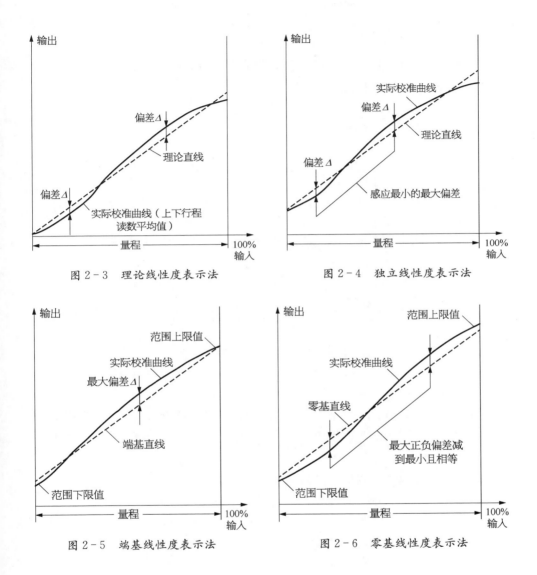

图 2-3　理论线性度表示法　　　　　图 2-4　独立线性度表示法

图 2-5　端基线性度表示法　　　　　图 2-6　零基线性度表示法

　　线性度对位移传感器的质量保证起着重要作用,针对端基线性度、最小二乘线性度及绝对线性度的方法有相应的测量不确定度评定方法。

　　2)滞后

　　滞后是指传感器在正、反行程过程中输入与输出曲线的不一致程度,如图2-7所示。滞后能够体现出传感器元件工作时的摩擦、间隙和输入输出能量的不一致性造成的缺陷,其计算方法为

$$\delta_h = \frac{\Delta_{\max}}{Q_n} \times 100\% \qquad (2-2)$$

式中　$\Delta_{\max}$——同次测量中正反行程曲线偏离的最大值；

　　　　Q_n——测量上限的输出值。

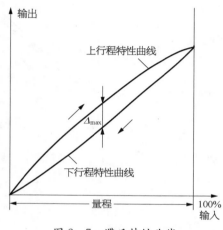

图 2-7　滞后特性曲线

3）重复性

同一操作人员在同一工作环境条件下使用同一仪器，对同一试样按同一方向做多次测量输出值的相近程度就是重复性。重复性有以下两种表示方法：

（1）用最大偏差对测量上限值的百分比来表示：

$$\delta_r = \frac{\Delta_{\max}}{Q_n} \times 100\% \qquad (2-3)$$

（2）用标准偏差来表示：

$$\delta_r = \frac{(2\sim3)\sigma}{Q_n} \times 100\% \qquad (2-4)$$

式中　$\Delta_{\max}$——来回行程输出值的最大偏差；

　　　　σ——所在行程的标准差；

　　　　Q_n——测量上限时的输出值。

传感器的重复性特性如图 2-8 所示。

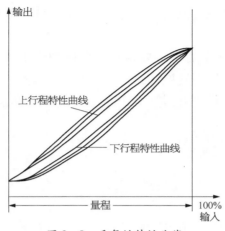

图 2-8　重复性特性曲线

4）灵敏度

灵敏度指仪表或测量装置在稳定时,输出 y 的增量与输入 x 的增量的比值。灵敏度的计算方法为

$$K = \frac{\Delta y}{\Delta x} \tag{2-5}$$

函数中也可表示为 $\frac{\mathrm{d}y}{\mathrm{d}x}$。

5）温度漂移

温度漂移指输入量稳定的情况下,传感器输出量随着时间变化引起的微小变动,它可以表示为

$$TC = x \times 10^{-6}/℃ \tag{2-6}$$

6）精度

传感器的精度用其量程范围内的最大基本误差与满量程输出之比的百分数表示,其基本误差是传感器在规定的正常工作条件下所具有的测量误差,它可以表示为

$$ACC = x\%. F. S \tag{2-7}$$

2.4.1.2　传感器的主要动态性能参数

在动态测量场合,传感器输入信号的变化包括幅值变化和频率变化;相应

地,衡量传感器对动态输入跟随能力的指标包括阶跃响应性能和频率特性。当然,这些指标也与描述传感器输入输出关系的微分方程的阶数有关。

1) 阶跃响应性能

传感器对于阶跃输入信号的响应称为阶跃响应或瞬态响应,它是传感器在瞬变信号作用下的响应特性。因为此时传感器的输入变化较大、较快,如果传感器的输出能够快速、准确跟随阶跃输入信号,则该传感器更容易跟随其他类型的输入信号。

当给静止状态的传感器输入一个阶跃信号:

$$b_0 x(t) = \begin{cases} 0, & t \leqslant 0 \\ b_0, & t > 0 \end{cases} \tag{2-8}$$

此时传感器的输出信号即为传感器的阶跃响应,当 $b_0 = 1$ 时,称为单位阶跃信号。

在时域内,传感器的动态特性可以用微分方程描述。当传感器为线性时变系统时,它可以用下面的线性常系数微分方程描述:

$$a_n \frac{\mathrm{d}^n y}{\mathrm{d}t^n} + a_{n-1} \frac{\mathrm{d}^{n-1} y}{\mathrm{d}t^{n-1}} + \cdots + a_1 \frac{\mathrm{d}y}{\mathrm{d}t} + a_0 y$$
$$= b_m \frac{\mathrm{d}^m x}{\mathrm{d}t^m} + b_{m-1} \frac{\mathrm{d}^{m-1} x}{\mathrm{d}t^{m-1}} + \cdots + b_1 \frac{\mathrm{d}x}{\mathrm{d}t} + b_0 x \tag{2-9}$$

式中　$x(t)$——传感器的输入信号;

　　　$y(t)$——传感器的输出信号。

上述微分方程的阶数不同,传感器对单位阶跃信号的响应也不同。常用的传感器为一阶系统和二阶系统,其单位阶跃响应如图 2-9 和图 2-10 所示。

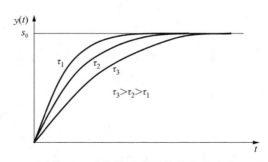

图 2-9　一阶传感器的单位阶跃响应

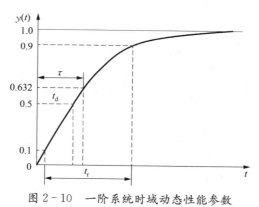

图 2-10 一阶系统时域动态性能参数

如图 2-9 所示,一阶系统时域内的动态性能参数主要包括如下几项:

(1) 时间常数 τ。一阶传感器输出上升到稳态值的 63.2% 所需要的时间称为时间常数。

(2) 延迟时间 t_d。传感器输出达到稳态值的 50% 所需的时间。

(3) 上升时间 t_r。对有振荡输入的传感器,是指从零上升到第一次达到稳态值所需的时间;对无振荡输入的传感器,是指从稳态值的 10%~90% 所经历的时间。

二阶系统的阶跃响应如图 2-11 所示。

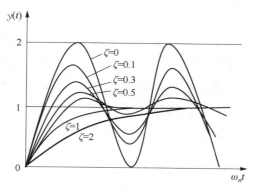

图 2-11 二阶传感器的单位阶跃响应

二阶系统在时域内的动态性能参数如图 2-12 所示,主要包括如下几项:

(1) 峰值时间 t_p。二阶传感器输出响应曲线达到第一个峰值所需的时间。

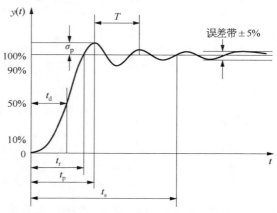

图 2-12　二阶系统的时域动态性能参数

（2）超调量 σ。二阶传感器输出超过稳态值的最大值,其定义为

$$\sigma = \frac{y(t_p) - y(\infty)}{y(\infty)} \times 100\% \qquad (2-10)$$

（3）稳定误差。当 $t \to \infty$ 时,传感器阶跃响应的实际值与期望值之差。

（4）响应时间 t_s。响应曲线衰减到稳态值之差不超过 5% 或 2% 所需要的时间,有时称为过渡过程时间。

2）频率特性

传感器对于正弦输入信号的响应称为频率响应,也称为稳态响应。由于一般工程上的信号都可以利用傅里叶变换分解为不同频率的正弦信号之和,因此若已知传感器对正弦信号的响应特性,则可以研究该传感器对其他类型输入信号的响应。为了研究传感器的频率特性,需要引入拉普拉斯变换。

设函数 $f(x)$ 的定义域为 $0 \leqslant t < +\infty$,如果积分 $L[f(t)] = \int_0^{+\infty} e^{-st} f(t) dt$ 在变量 s 的某个区域内收敛,从而可以由此确定一个关于变量 s 的函数,记为 $F(s)$,则称 $F(s)$ 为 $f(x)$ 的拉普拉斯变换,记为

$$F(s) = L[f(t)] = \int_0^{+\infty} e^{-st} f(x) dx \qquad (2-11)$$

利用式(2-11)对式(2-9)两边分别进行拉普拉斯变换,并设输入量 $x(t)$ 与输出量 $y(t)$ 及它们所有对时间导数的初始值($t=0$ 时)为 0,则可以得到传

递函数 $H(s)$：

$$H(s) = \frac{Y(s)}{X(s)} = \frac{b_m s^m + b_{m-1} s^{m-1} + \cdots + b_0}{a_n s^n + a_{n-1} s^{n-1} + \cdots + a_0} \qquad (2-12)$$

其中，$s = \beta + j\omega$。

由式（2-12）可知，只要得到 $Y(s)$、$X(s)$、$H(s)$ 之中随意两个就可以求出第三个。对于复杂的测量系统，只要知道信号的输入变量 $x(t)$ 和输出变量 $y(t)$，那么系统的动态特性就可以被求得。

对于稳定的常系数线性系统，可以对传递函数进行进一步简化，为此用傅里叶变换代替拉普拉斯变换，即取 $s = j\omega$，则式（2-12）变为

$$H(j\omega) = \frac{Y(j\omega)}{X(j\omega)} = \frac{b_m (j\omega)^m + b_{m-1} (j\omega)^{m-1} + \cdots + b_1 (j\omega) + b_0}{a_n (j\omega)^n + a_{n-1} (j\omega)^{n-1} + \cdots + a_1 (j\omega) + a_0}$$

$$(2-13)$$

式中　$H(j\omega)$——系统的频率响应函数，简称频率响应或频率特性。

显然，频率特性是传递函数的一种特殊情况，它表示的是系统传递特性在频域中的描述。

在一般情况下，由于频率响应 $H(j\omega)$ 是一个复数函数，所以可以将其表示为指数形式：

$$H(j\omega) = \frac{Y(j\omega)}{X(j\omega)} = H_R(\omega) + jH_I(\omega) = A(\omega) e^{j\varphi} \qquad (2-14)$$

式中　$A(\omega)$——$H(j\omega)$ 的模，即 $A(\omega) = |H(j\omega)|$；

　　　$\varphi(\omega)$——$H(j\omega)$ 的相角，即 $\varphi(\omega) = \arctan H(j\omega)$。

由于传感器输入的是动态信号，该信号的幅值随时间变化，为了衡量传感器输出信号的幅值跟随输入信号频率变化的能力，引入幅频特性指标。

（1）幅频特性。式（2-14）中 $H(j\omega)$ 通常为复数，其中的 $A(\omega)$ 称为传感器幅频特性，即

$$A(\omega) = |H(j\omega)| = \sqrt{[H_R(\omega)]^2 + [H_I(\omega)]^2} \qquad (2-15)$$

式中　$A(\omega)$——传感器输出与输入的幅度比值随输入信号频率 ω 的变化关系，也称为传感器的动态灵敏度或增益。

当传感器输入的是动态信号时，输出信号的相位往往也会变化，为了衡量传感器输出信号的相位随输入信号频率变化的能力，引入相频特性指标。

（2）相频特性。式（2－14）中 $H(\mathrm{j}\omega)$ 的相位角 $\Phi(\omega)$ 为

$$\Phi(\omega) = \arctan\left[\frac{H_{\mathrm{I}}(\omega)}{H_{\mathrm{R}}(\omega)}\right] = \arctan\frac{\mathrm{Im}\left[\dfrac{Y(\mathrm{j}\omega)}{X(\mathrm{j}\omega)}\right]}{\mathrm{Re}\left[\dfrac{Y(\mathrm{j}\omega)}{X(\mathrm{j}\omega)}\right]} \qquad (2-16)$$

式中　$\Phi(\omega)$——传感器输出信号的相位随输入信号频率 ω 的变化关系，故称之为传感器相频特性。

2.4.2　信号调理器的主要性能参数

信号调理器主要功能是对传感器的输出信号进行放大/衰减、隔离、滤波、直接变送及多路转换功能，它也包括静态指标和动态指标。

1）信号调理器的主要静态性能参数

在静态测量过程中，被测量在测量过程中固定不变，或者变化较为缓慢。传感器的输出信号一般为缓变的直流信号。由于 ADC 一般要求输入信号为 0～5 V、±5 V、4～20 mA 等，传感器的输出有时不能满足这些要求，需要对信号进行放大/衰减、隔离、滤波等，这些任务由信号调理器来完成，其静态性能参数主要包括增益、线性度、温度漂移、精度等。

（1）增益。可表示为

$$G = \frac{A_{\mathrm{out}}}{A_{\mathrm{in}}} \qquad (2-17)$$

式中　A_{out}——输出信号幅值；

　　　A_{in}——输入信号幅值。

（2）线性度。信号调理器的线性度定义同传感器，如式（2－1）所示。

（3）温度漂移。信号调理器的温度漂移定义同传感器，如式（2－6）所示。

（4）精度。信号调理器的精度同传感器，如式（2－7）所示。

2）信号调理器的主要动态性能参数

为了表征信号调理器对动态输入信号的变换和跟随能力，也需要给出其动态性能指标，主要包括阶跃性能指标、频率特性指标和滤波性能指标。调理器的阶跃响应性能也包括时间常数 τ、延迟时间 t_{d} 和上升时间 t_{r}；其频率特性也包括幅频特性和相频特性；此外，信号调理器还包括中心频率、截止频率、通带带宽、纹波、延迟和带内相位线性度等指标。

2.4.3　ADC 的主要性能参数

ADC 即 A/D 转换,也就是把连续变化的模拟信号转换为离散的数字信号的器件,以便进入计算机进行处理。由于 ADC 输入信号可能是静态信号,也可能是动态信号,为了反映 ADC 表征和跟随这两种信号的能力,需要给出ADC 的静态性能参数和动态性能参数。

2.4.3.1　ADC 的主要静态性能参数

ADC 的静态性能参数反映的是 ADC 对幅值大小不变或变化较为缓慢的输入信号的输出性能,其指标主要包括分辨率、量化误差(quantization error)、非线性误差(nonlinear error)、增益误差(gain error)、温度漂移误差(drift error)和电源抑制比(power supply rejection ratio,PSRR)等。

1)分辨率

ADC 的分辨率即用于表达模拟量的二进制数的位数,一般有 8 bit、16 bit或 24 bit,它是表示 ADC 精度的一个重要指标。

2)量化误差

由于计算机只能处理位数有限的数字信号,因此需要把传感器或信号调理器的输出模拟信号变换为数字信号,简称模数转换或 A/D 转换。ADC 的主要步骤包括采样、量化、编码,其中量化是将所采样的信号序列的连续取值近似为有限多个离散值的过程。经过量化的信号可以用有限字长来表示,量化的前后对比如图 2-13 所示。图中的曲线是采集到的连续模拟信号,折线是每

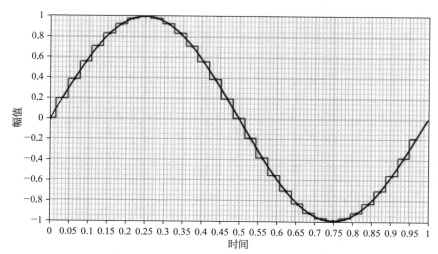

图 2-13　量化及量化误差

个采样点量化后的取值。

A/D 转换中的最低有效位(list significant bit，LSB)，即在量化采样值的 n 位二进制数中，LSB 对应的模拟输入量是满度范围(full scale range，FSR)，通常等于参考电压 V_{ref} 的 $\frac{1}{2^n}$，即

$$V = \frac{FSR}{2^n} = \frac{V_{ref}}{2^n} \tag{2-18}$$

量化后的编码与信号的类型有关。对于单极性信号，即 ADC 的模拟输入电压只允许为正电压或负电压，转换结果用无符号的二进制数表示；当 ADC 的模拟输入电压为双极性信号时，即输入信号可以为正电压值，也可为负电压值时，转换结果常用二进制偏移码表示。图 2-14 表示单极性信号 0～5 V 时，采用三位二进制数表示的 ADC 编码结果。

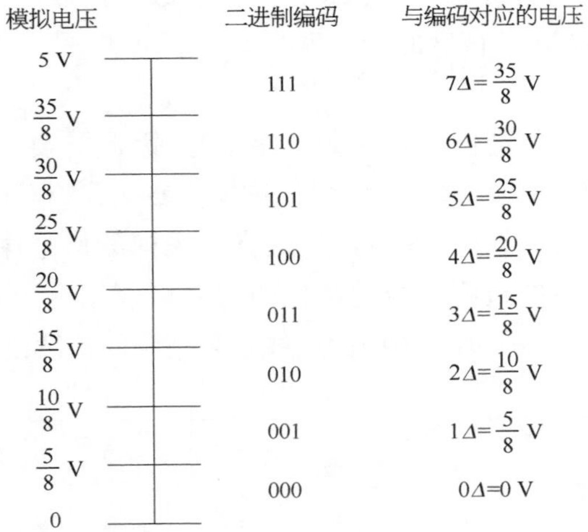

模拟电压	二进制编码	与编码对应的电压
5 V		
$\frac{35}{8}$ V	111	$7\Delta = \frac{35}{8}$ V
$\frac{30}{8}$ V	110	$6\Delta = \frac{30}{8}$ V
$\frac{25}{8}$ V	101	$5\Delta = \frac{25}{8}$ V
$\frac{20}{8}$ V	100	$4\Delta = \frac{20}{8}$ V
$\frac{15}{8}$ V	011	$3\Delta = \frac{15}{8}$ V
$\frac{10}{8}$ V	010	$2\Delta = \frac{10}{8}$ V
$\frac{5}{8}$ V	001	$1\Delta = \frac{5}{8}$ V
0	000	$0\Delta = 0$ V

图 2-14 单极性信号的量化及编码

量化误差是模拟输入量在量化取整过程中所引起的误差，又称量化不确定度。量化误差是模数转换固有的特性所造成的，是一种原理性偏差，是在测试过程中没办法消除的偏差。ADC 出厂以后，它的量化误差也就确定了，它的计算如下：

$$|e| = \frac{1}{2}LSB = \frac{1}{2}\Delta = \frac{FSR}{2^b} \tag{2-19}$$

式中 Q——量化值；

　　FSR——满量程值；

　　b——转换的位数；

　　LSB——最低有效位。

　　3）非线性误差

　　ADC 的非线性误差是指在 ADC 全量程的范围内，任一时刻数字量所对应的模拟输入量的实际值与理论值之差，该误差通常是很难得到补偿的，一般可作为一个偶然误差来处理。它包括微分非线性误差 DNL（differential nonlinearity）和积分非线性误差 INL（integral nonlinearity）两种，其计算方法分别如下：

$$\text{DNL} = \left| \frac{V_{D+1} - V_D}{V_{\text{LSB-IDEAL}}} - 1 \right|, \ 0 < D < 2^n - 2 \qquad (2-20)$$

　　式中　V_D——对应于数字输出代码 D 的输入模拟量；

　　n——ADC 转换位数；

　　$V_{\text{LSB-IDEAL}}$——两个相邻代码的理想间隔。

$$\text{INL} = \left| \frac{V_D - V_{\text{ZERO}}}{V_{\text{LSB-IDEAL}}} - D \right|, \ 0 < D < 2^n - 2 \qquad (2-21)$$

　　式中　V_D——对应于数字输出代码 D 的输入模拟量；

　　V_{ZERO}——对应于全零输出码的最低模拟输入值；

　　n——ADC 转换位数；

　　$V_{\text{LSB-IDEAL}}$——两个相邻代码的理想间隔。

　　4）增益误差

　　增益是指输入信号的放大倍数，增益误差是用 ADC 输出满量程时的实际输入电压和理想输入电压的差除以 1LSB 来表示：

$$G = \frac{V_{\text{REAL}} - V_{\text{IDEAL}}}{1\text{LSB}} \qquad (2-22)$$

　　式中　V_{REAL}——满量程时的实际模拟量输入值；

　　V_{IDEAL}——满量程时的理想模拟量输入值。

　　5）温度漂移误差

　　温度漂移是指随着环境温度不断改变而使 ADC 的相关测试参数也发生转变，一般规定 ADC 在 25 ℃时的性能参数作为标准，随着温度的升高或者降低，ADC 的性能参数如偏置、增益和线性度都会发生变化。偏置一般是指传输特性曲线在横轴上的位移，当温度变化就会改变位移大小，从而改变偏置量；

增益通常会使传输特性曲线绕着一个原点旋转,当温度发生改变会使角度发生增减,因此增益误差也会随温度变化而变化;温度同时对线性度误差也会造成很大影响,由于线性度误差的最大值一般发生在 $\frac{V_r}{2}$ 附近,因此该误差的温度系数最大值一般也发生在该处附近。

6）电源抑制比

电源抑制比是指输入电源电压与输出电压的比值,单位是 dB。对于高速高精度的 ADC,必须选择开关电路及其运算放大器较大的电源电压,这两个电压对其最后输出电源电压的影响很大,一般规定把满刻度量程电压发生变化的百分比与电源电压发生变化的百分比之间的比值称为电源抑制比,计算方法为

$$PSRR = 20lg \frac{\Delta V_{sup}}{\Delta V_{out}} \tag{2-23}$$

式中　　ΔV_{sup}——电源电压发生变化;

　　　　ΔV_{out}——满刻度量程电压发生变化。

2.4.3.2　ADC 的主要动态性能参数

为了反映 ADC 对动态信号的表征和跟随能力及抗干扰能力,需要为 ADC 给出动态性能指标,这些指标主要包括信噪比（signal to noise ratio, SNR）、噪声系数（noise factor, NF）、信纳比（signal to noise and distortion ratio, SINAD）、有效位（effective number of bits, ENOB）、总谐波失真（total harmonic distortion, THD）及无杂散动态范围（spurious free dynamic range, SFDR）等。

1）信噪比

信噪比为输出信号的平均功率与噪声型号的平均功率作比,一般用分贝数表示：

$$SNR = 10lg \frac{p_{signal}}{p_{noise}} \tag{2-24}$$

式中　　p_{signal}——信号功率;

　　　　p_{noise}——噪声功率。

2）噪声系数

ADC 在测试过程中包含了量化噪声、随机噪声和总谐波失真等干扰。在所有被测试的 ADC 内部都存在着较大的量化噪声,它的大小主要取决于 ADC 的位数 n,如果位数 n 越大,量化噪声反而越小。因为即使非常"理想"的 A/D

转换器也存在量化噪声,因此量化噪声系数可以作为随机噪声信号和谐波失真的基本准则。可以根据采样率、输入功率和 SNR 求得噪声[3]:

$$
\begin{aligned}
\mathrm{NF} &= 10\lg^{F} \\
&= \left(\frac{\dfrac{V_{\mathrm{rms}}^{2}}{Z_{\mathrm{in}}}}{0.001}\right) \times 10^{3} - \mathrm{SNR} - 10\lg\left(\frac{\text{encode frequency}}{2}\right) - 10\lg\left(\frac{B \times T \times K}{0.001}\right)
\end{aligned}
$$

$$(2-25)$$

式中　K——玻尔兹曼常数,取 1.38×10^{-23};

　　　　T——绝对温度,取 273 K;

　　　　B——带宽,取 1 Hz;

　　　　encode frequency——ADC 时钟速率;

　　　　V_{rms}——满刻度输入的电压均方根;

　　　　Z_{in}——输入阻抗;

　　　　SNR——满量程 ADC 信噪比。

3) 信纳比(信号噪声失真比)

SINAD 取决于应用的标准输入信号、噪声和失真的功率,计算方法如下:

$$
\mathrm{SINAD} = \frac{S + N + D}{N + D} \tag{2-26}
$$

式中　S——信号功率;

　　　　N——噪声功率;

　　　　D——失真功率。

式(2-26)是理论公式,在实际使用过程中,一般使用下式计算信纳比 SINAD:

$$
\mathrm{SINAD} = \frac{\delta_{\mathrm{rms\ signal}}}{\delta_{\mathrm{rms\ noise}}} \tag{2-27}
$$

式中　$\delta_{\mathrm{rms\ signal}}$——输入信号的有效值或均方根;

　　　　$\delta_{\mathrm{rms\ noise}}$——噪声信号的有效值或均方根。

4) 有效位

ENOB 也取决于应用的正弦信号的振幅和频率,其计算方法为

$$
\mathrm{ENOB} = n - \log_{2}\left(\frac{\delta_{\mathrm{rms\ noise}}}{\text{理想量化误差}}\right) = \log_{2}\left(\frac{\text{满量程}}{\delta_{\mathrm{rms\ noise}} \cdot \sqrt{12}}\right) \tag{2-28}
$$

式中　n——ADC 的位数；

　　　$\delta_{\text{rms noise}}$——均方根噪声。

SINAD 和 ENOB 的关系为

$$\text{ENOB} = \log_2(\text{SINAD}) - \frac{1}{2}\log_2(1.5) - \log_2\left(\frac{A}{\frac{V}{2}}\right) \qquad (2-29)$$

式中　A——拟合正弦信号的幅值；

　　　V——被测试 ADC 的满量程值。

5）总谐波失真

谐波（harmonic wave）是指信号中混杂的、频率大于有用信号的波形。一般来说，如果信号是非正弦周期信号，对其按傅里叶级数展开后，所有自身频率大于基波频率信号产生的波形都称为谐波。谐波失真是由于系统不是完全线性造成的。

谐波的常用模型如式（2-30）[4]所示：

$$x(t) = \sum_{k=1}^{p} A_k \sin(\omega_k + \varphi_k) + n(t) \qquad (2-30)$$

式中　p——谐波分量数；

　　　A_k——第 k 个谐波分量的幅值；

　　　ω_k——第 k 个谐波分量的振幅频率，$\omega_k = k\omega_1$；

　　　φ_k——第 k 个谐波分量的相位；

　　　$n(t)$——加性噪声。

因为信号中谐波的存在，使得信号精度出现偏差。因此，在动态信号分析中引入总谐波失真的概念，衡量谐波分量对信号测量的影响程度。总谐波失真[4]是指不大于某特定阶数 H 的所有谐波分量的有效值 G_n 与基波分量有效值 G_1 比值的方和根：

$$\text{THD} = 10\lg\sqrt{\sum_{n=2}^{H}\left(\frac{G_n}{G_1}\right)^2} \qquad (2-31)$$

式中　G_n——第 n 阶谐波的有效值；

　　　G_1——基波的有效值；

　　　H——特定的谐波阶数。

在实际信号分析计算中，如无特殊说明，通常假设高于 10 次的谐波项可以忽略，即只考虑 2～10 次谐波对信号的影响。总谐波失真指的是测试过程中所有可能产生谐波的功率的和与初始输入信号的功率的比值，其最后的总谐波失真是其中各个谐波分量的综合，同时也反映出系统本身的性能[4]。

6）无杂散动态范围

无杂散动态范围指的是实际测试输入信号功率的均方根与系统模拟输入信号中产生无杂散频谱分量最大值的均方根之比，在一般情况下，SFDR 作为高速 ADC 标准输入信号的一种重要谐波[5]，计算公式如下[5]：

$$\mathrm{SFDR} = 10\lg\left(\frac{P_{\mathrm{signal}}}{\max P_{\mathrm{distortion}}}\right) \tag{2-32}$$

式中　　P_{signal}——输入信号功率的均方根；

　　　　$\max P_{\mathrm{distortion}}$——输入信号中产生无杂散频谱分量最大值的均方根。

2.4.4　算法的主要性能参数

本书中的算法指的是在计算机里运行仪器测量或检测算法，它是把从 ADC 输入计算机的数字信号变换成所需要的测量结果所采用的一定的处理方法和步骤的总称。计算机里的算法只能采取有限次的运算和有限次的步骤。由于计算机的字长有限，用数字量表示模拟量时势必有偏差；同时为了及时获得测量结果，由于计算机里的算法只能运行有限次的运算，因此对于理论上有无穷次运算的方法如傅里叶变换只能截断处理，这也会给测量结果带来误差。由于现在计算机 CPU 的运行速度极快、主频较高、缓存较大，无论是静态测量还是动态测量，对算法而言几乎没有影响。

1）舍入误差

由于计算机的位数有限，它用二进制数表示的数和真实值之间有偏差，例如用有限位数的浮点数来表示实数时（理论上存在无限位数的浮点数）就会产生舍入误差。舍入误差是固有的，它对仪器测量结果的准确性，即不确定度产生影响。

2）截断误差

由于计算机中的算法只能做有限次的运算，造成理论值和计算值之间有偏差。如在计算机里计算无穷级数时只能计算有限项，而在计算机编程做傅里叶变换时也只能计算有限项，即对具有无穷项的理论运算进行了截断，从而产生误差。截断误差也会对测量结果的准确性及不确定度产生影响，具体影响将在本书第 3 章中讨论。

算法不确定度由舍入运算误差和截断运算误差引起，其中舍入不确定度与运算结果采用浮点数表示还是采用定点数表示也与算法中的运算模式有关,如加法运算与乘法运算有关;而算法的截断不确定度与截断误差的大小有关,在分析该不确定度时,需要分析截断误差估计值是否准确,也要分析截断误差的分布规律。

本章引入了虚拟仪器直接测量和间接测量概念,也引入了虚拟仪器静态测量和动态测量概念,是为了便于根据具体测量环境和测量条件,分析一个虚拟仪器测量结果的不确定度;引入了传感器、信号调理器、ADC 和算法的静态性能参数和动态性能参数,实际上是为了确定这些环节的测量不确定度来源。

对于静态测量,虚拟仪器静态测量结果的不确定度一定与传感器、信号调理器、ADC 及软件(算法)的静态特性有关。目前的文献对虚拟仪器的静态测量不确定度评定方法研究相对较多,特别是包括对虚拟仪器中的传感器、信号调理器的静态不确定度研究有较多成果,这些方法大都是基于 GUM 的原则,采用统计学或者仿真方法,这些方法基本不具有通用性;同时,已有的文献对于 ADC 和算法的测量不确定度的研究依然较少,而且评定方法也不具有通用性,这是本书将要研究和尝试解决的问题之一,具体内容将在第 3 章研究分析。对于虚拟仪器静态测量,最本质的问题是获得仪器测量结果的不确定度与传感器、信号调理器、ADC 以及软件(算法)的不确定度的关系,这也是本书的重点研究内容,具体内容也将在第 3 章研究。

虚拟仪器动态测量结果的不确定度一定与传感器、信号调理器、ADC 以及软件(算法)的动态特性有关。当前国内外文献对于虚拟仪器动态测量不确定度的研究较为薄弱,无论是对虚拟仪器单一环节的动态测量不确定度还是仪器动态测量结果的不确定度评定,其研究结果都尚不成熟,难以为静态测量场合中的虚拟仪器设计提供理论指导;同时 GUM 中也没有涉及仪器单一环节的动态测量不确定度评定,也没有涉及仪器动态测量结果的不确定度与仪器每一个环节的动态测量不确定度的关系,但虚拟仪器在动态测量场合也应用得越来越广泛,针对这一现状和需求,将在本书第 4 章讨论虚拟仪器的动态测量不确定度评定问题。

2.5 虚拟仪器测量不确定度的研究现状

2.5.1 虚拟仪器测量不确定度评定问题的特点

虚拟仪器在国内外已广泛应用于工控和测量等领域,成为仪器发展的主流,但目前出现了"理论研究"滞后于"实际应用"的状况,特别是国内外对虚拟仪器的测量不确定度评定这一基础理论问题的研究很不充分。虚拟仪器是以软件取代了传统仪器中的部分硬件,扩展了传统仪器中的部分硬件功能,从而使得软件成为仪器的核心。硬件的测量不确定度是客观存在的,代替硬件的软件也必然有测量不确定度。但就已有的文献看,对虚拟仪器"软件的测量不确定度"的研究几乎没有涉及;同时对由软件和硬件相融合而成的虚拟仪器的"合成测量不确定度"的研究极少,难以满足虚拟仪器进一步推广应用和设计要求。

仪器是科学研究的"眼睛",同时"计量测试、精密测量及仪器仪表是现代制造的三大支撑技术之一,是制造技术和装备制造技术中的核心基础与关键技术"[6]。但目前我国在硬件仪器的研究和制造水平总体上落后于发达国家,在精密测量技术和设备方面远远落后于国外先进水平,在计量及几何量测量等方面甚至还达不到主流技术水平,这使得目前在国内的制造业、大学实验室、国家重点实验室及国防科研机构等占主导地位的仍然是国外高端硬件仪器。出现这种状况的原因之一是,长期以来我国对计量、测试及仪器仪表技术中的关键基础理论及关键技术,如误差理论包括测量不确定度评定等问题的研究重视不够,研究积累也不充分,难以为发展具有自主知识产权的高端仪器提供核心技术和支撑,这已经成为制约我国装备制造水平进一步提升的瓶颈之一。虚拟仪器的出现,为缩短我国与国外发达国家在仪器领域理论和应用技术的研究差距提供了契机,这是因为可以利用软件(算法)在开发和功能上的优势弥补国产仪器中关键硬件在研究和制造水平方面的差距,并充分利用软件和硬件融合的优势,大幅度提升仪器性能。

对于虚拟仪器,要以软件取代传统仪器中的部分硬件,而又要形成一个完整的测试仪器,必须解决三个关键问题。关键问题一:如何量化软件取代硬件的效果,其核心问题是如何评价软件(算法)的不确定度。关键问题二:虚拟仪器是硬件和软件的有机融合体,而硬件和软件(算法)都有不确定度,但两者融合后如何评价仪器的测量不确定度,即软件和硬件的合成不确定度。关键问题三:虚拟仪器进行静态和动态测量时,其不确定度如何评定。国内外对虚拟仪器的测量不确定度评定这一理论问题的研究都处于探索阶段,尚不充分,特别是对虚拟仪器的核心——软件(算法)的不确定度评定这一关键问题的研究极少涉及。这也为我国探索具有原创性的虚拟仪器测量不确定度理论提供了机遇。

我国目前对仪器不确定度评定这一测试计量理论方面根本问题的研究较为薄弱[7]，《国家自然科学基金委员会学科发展战略研究报告（2006—2010）——机械与制造科学》[8]也指出："不确定度原理及应用是20年来世界各国关注的测试计量领域内的热点问题，由于其内容涉及面广泛、复杂，至今仍在不断完善之中。与发达国家相比，相对存在较大的差距，需要深入研究不确定度的评定方法及测量准确度的合理保障系统。"《国家自然科学基金委员会机械工程学科发展战略报告（2011—2020）》[6]也指出："解决精密仪器设计与动态测量系统中的误差分析与不确定度评定问题，实现高精度的信息与快速处理，为重大装备与工程项目中的计量测试、现场校准、在线监测与稳定运行提供理论依据。"

虚拟仪器的测量不确定度是虚拟仪器测量系统最基本也是最重要的性能指标，是测量水平的重要标志。将不确定度原理引入测量系统分析，为科学评价测量系统，确定测量系统的检定周期，合理进行测量系统的预防性维护和纠正性维护，提高测量系统的有效性等提供重要依据，具有较高的学术价值和实用价值。同时，虚拟仪器的测量不确定度评定方法对以硬件为主的传统仪器的测量不确定度评定也有指导意义。但是目前对于虚拟仪器测量不确定度评定方法的研究尚不充分。

1993年和1995年发布的GUM[9-10]为仪器测量不确定度的评定提供了基本方法和指导原则。尽管如此，目前国内外对虚拟仪器技术的研究仍主要偏重于应用层面，即针对某一具体目标，利用不同软件开发平台并结合相应硬件开发出虚拟仪器，其设计方法主要依靠设计人员经验，而对于虚拟仪器测量不确定度评定理论的研究很不充分，已有的研究主要偏重于测量系统中单一环节的测量不确定度对测量结果的影响，而且主要采用仿真的方法。

测量不确定度的评定和表示方法除了蒙特卡洛方法的应用，也出现了贝叶斯评定法及一些非统计方法的补充。由此可见，对测量不确定度评定方法的研究已成为现今学术界的一种趋势，只要涉及测量的领域都必将要有测量不确定度的应用，对其研究也应跟随时代需求进行补充及完善，这样才能保证一切科研实践活动的质量。

2.5.1.1 ADC的测量不确定度评定研究现状

对于虚拟仪器ADC环节测量不确定度的研究已经开始，但不够充分。如F. Attivissimo等[11]基于ISO思想，根据试验结果通过引入"置信度"和"主观可能性"等概念，针对基于ADC的仪器，量化了系统误差对测量结果总不确定度的影响。但是该方法没有考虑到其他测量环节误差对测量结果的影响。J. B. Duan 和 D. G. Chen[12]针对基于 ADC 的仪器,利用离散傅里叶变换,研究了总谐波失真和无杂散动态范围的不确定度,同样没有分析传感器到算法等主要环节的不确定度对测量结果的影响。P. Mrak 等[13]基于振动测试研究了 ADC 的非线性不确定度,包括微分非线性和积分非线性,并给出了量化公式,但没有涉及仪器其他环节的测量不确定度。S. Nuccio 和 C. Spataro[14]采用数值方法对 A/D 转换过程进行仿真,并利用不确定度传播定律(uncertainties propagation law of GUM)研究了 A/D 转换过程的不确定度对测量结果的影响。E. Ghiani 等[15-16]则利用蒙特卡洛方法评定 DAQ 的不确定度对测量结果的影响。F. Attivissimo 和 N. Giaquinto、M. Savino[17]提出了 A/D 转换误差模型,并依此量化 A/D 转换不确定度对仪器测量结果的影响,但该方法并没有考虑测量系统其他环节的不确定度对测量结果的影响。D. W. Braudaway[18]研究了 DAQ 装置的不确定度影响因素,并研究了这些因素对测量结果的影响。同样,该方法也没有考虑测量系统其他环节的不确定度对测量结果的影响。

上述这些研究尚未考虑传感器及信号调理器的不确定度对测量结果的影响,也没有提出虚拟仪器系统的合成测量不确定度的评定方法。

2.5.1.2　虚拟仪器中算法的测量不确定度评定研究现状

对基于 DSP 的虚拟仪器中单一环节的不确定度研究也不充分。如 P. M. Ramos 等[19]开发了一种基于 DSP 的阻抗测量仪器,并基于椭圆拟合算法提出了一种测量不确定度评定方法,但该方法没有涉及软件(算法)本身的不确定度,而且需要进行大量重复性试验,因而难以用于动态测量场合。N. Locci 等[20]也研究了基于 DSP 测量仪器的不确定度,对比了 GUM 方法、随机变量中心距的数学估计方法及蒙特卡洛数值仿真方法,认为蒙特卡洛仿真法更适合于虚拟仪器某些环节的测量不确定度评定。D. A. Larnpasi[21]基于 GUM 不确定度传播定律用数值仿真的方法研究了虚拟仪器的不确定度问题,但是没有涉及从传感器直至 DSP 的整个测量环节的不确定度。L. Peretto 等[22]针对开发了一种可编程的装置用于研究基于 DSP 的测量仪器的测量不确定度,并提出了确定该仪器测量不确定度的方法。他们分析了部分硬件不确定度来源,也研究了它们的传播效果。由上述文献可以看出,目前对于基于 DSP 的虚拟仪器的研究主要采用仿真的方法,这些研究很少涉及算法本身的不确定度问题,更没有考虑从传感器直至算法的整个仪器环节的测量不确定度对仪器测量结果的影响。

2.5.1.3　基于测量结果统计分析的不确定度评定研究现状

基于测量结果研究虚拟仪器的不确定度也已经展开。如 X. H. Fang 和 M. S. Song[23]应用通用算法基于最大熵原理提出了一种估计被测量的不确定度的方法，并进行了数值仿真。但是该研究没有涉及仪器其他环节的测量不确定度。C. De Capua 和 E. Romeo[24]提出了一种随机-模糊模型，该模型用特殊的三角形范数定义模糊区间，用于描述系统和随机因素对测量结果的影响，从而量化被测量的测量不确定度。但是该研究也没有涉及仪器其他环节的测量不确定度。D. A. Lampasi[25]基于重复试验结果，应用概率论、分位数函数及相关理论提出了一种确定测量不确定度的方法。S. Nuccio 和 C. Spataro[26]提出了一种检测程序用于修正未知电磁干扰对虚拟仪器测量结果的影响，同时量化了其测量不确定度。C. De Capua[27]开发了一个具有自标定功能的用于测量总谐波失真的虚拟仪器。它将一个性能良好的对比仪器的测量结果存储，并用于修正本仪器的测量结果。同时该仪器可以应用 GUM 规定的间接测量不确定度评定方法来确定测量不确定度。E. Romeo 和 C. De Capua[28]将随机模糊方法应用于虚拟仪器的标定，并应用三角形范数描述虚拟仪器的测量不确定度——B 类不确定度，包括由随机误差和系统误差引起的总不确定度。黄美发等[29]基于测量结果应用拟蒙特卡洛法研究了其不确定度的问题。王中宇等[30]应用灰色系统理论并依据 GUM 方法提出了虚拟仪器测量不确定度的评定方法。乔仁晓等[31]依据 GUM 中的不确定度传播定律研究了虚拟仪器测量合成不确定度问题。刘文文等[32]应用蒙特卡洛方法研究了虚拟仪器测量不确定度。上述这些研究提出的不确定度评定方法没有涉及仪器每个测量环节的不确定度，而且研究主要集中在静态测量方面。

2.5.1.4　对仪器中其他单一测量环节的合成不确定度评定研究现状

对虚拟仪器合成不确定度的研究较少，如荆学东等[33-34]基于 Gram-Chariler 级数展开法，提出了虚拟仪器测量不确定度评定的一种方法。综合上述文献，目前国内外对虚拟仪器测量不确定度评定方法的研究较少，有待进一步深入。

另一方面，国内外对传统仪器测量不确定度评定问题的研究也不充分，这些研究也主要涉及仪器单一测量环节的测量不确定度。

如 G. Hermann[35]比较了概率法、区间数学法和模糊理论法用于描述测量不确定度时各种适用场合及各自的优点和缺点。J. P. Hessling[36]研究了动态测量时从仪器标定到最终测量时的不确定度的传播问题,并基于测量系统模型建立了不确定度传播模型,他们的研究发现系统误差和随机误差产生的不确定度传播机理不同。A. Accattatis[37] 等开发了基于 FFT 的阻抗测量仪,并利用软件的优势减少测量不确定度来源对测量结果的影响。J. D. Wang 等[38] 研究基于多站式及分时测量原理激光追踪测量问题,讨论了应用蒙特卡洛方法评定测量不确定度的优点。F. Aggogeri 等[39] 研究了坐标测量机进行几何量测量时的不确定度评定问题,通过仿真和标准方法的对比研究发现,仿真方法和输入量的统计假设、与 CMM 相关的信息质量和数量、测量环境等因素相关,也讨论了仿真方法的缺点。

J. Beaman 和 E. Morse[40] 利用重复试验和标定的方法验证两种商业软件包所支持的 CMM 任务专一测量结果的不确定度的准确性,同时也进行了测量仿真,分析了仿真结果和试验结果的差异。K. -D. Sommer 等[41] 利用贝叶斯理论研究测量不确定度问题,这需要预先了解测量过程即模型方程、影响参数及其置信度,并应用最大信息熵原理、蒙特卡洛数值仿真方法,应用该方法的优点是限制条件少。G. Mauris[42] 应用最大可能性原理研究测量不确定度,用可能性分布表示概率分布族,从而可以用于描述测量分布,在一定条件下,该方法比最大熵原理更有优势。

L. Mari[43] 提出讨论了在构建和试验动力系统模型时应用不确定度传播定律遇到的设计问题,其解决方法不但包括传播偏导数,也包括输入量的不确定性,并便于分析测量结果的不确定度。J. -P. Kruth 等[44] 的研究表明,有限取样及形状偏差通常是 CMM 测量最重要的不确定度来源,提出了形状测量不确定度的评定方法,该方法基于蒙特卡洛仿真法及轮廓数据库。

A. B. Forbes[45] 应用 Bayesian 决策方法并依据测量数据结果研究了测量不确定度,从而判断产品是否合格。M. Herrador[46] 分析了应用 GUM 评定间接测量不确定度的局限性,提出了应用蒙特卡洛方法并基于分布规律评定测量不确定度的方法。其他典型文献[47-51]针对传统仪器(以硬件为主的仪器)主要采用证据理论和模糊理论研究 A 类不确定度的评定方法。

2.5.1.5　几何量测量虚拟仪器测量不确定度评定研究现状

对于几何量和机械参量测量虚拟仪器中部分环节的不确定度研究也不充分。如 F. Aggogeri 等[39] 基于输入量和测量条件的假设,利用仿真的方法研究了一种几何量测量虚拟仪器测量不确定度,包括尺寸不确定度和形状不确定度,但该研究难以评价从测量传感器到测量算法等环节的不确定度对测量结果的影响。P. Ramu 等[51]提出了一种参数化模型用于评定一种五轴多传感器坐标测量机的不确定度。该方法涉及多种几何量测量误差,应用逆运动学方法修正测量误差,并用仿真的方法评定测量不确定度,但它没有考虑整个测量环节的不确定度对测量结果的影响。其他方面的研究,如 S. Nuccio 和 C. Spataro[52-53]应用虚拟仪器进行几何量和机械量测量,并基于 GUM 提出四种确定测量不确定度的评定方法,还研究了不确定度和测量费用之间的关系。张健等[54]应用贝叶斯方法研究了动平衡机动态测量不确定度问题。这些研究没有涉及从传感器直至算法整个仪器测量环节的不确定度。

从目前可以获得的文献可以看出,当前对虚拟仪器及传统仪器的不确定度评定方法的研究主要涉及测量系统中单一硬件环节的不确定度对测量结果的影响,这些评定方法的应用往往附加了一些限制条件;从实际应用效果看,这些方法都带有探索性,而且其适用范围很有限,因而没有成为公认的方法。已有的文献对虚拟仪器的核心——软件(算法)的不确定度研究极少,而对虚拟仪器的合成不确定度,即在硬件和软件环节联合作用下,仪器的合成不确定度的研究几乎没有涉及。由于测量分为动态测量和静态测量两类,目前针对虚拟仪器不确定度研究文献主要集中在应用虚拟仪器进行静态测量方面,而对虚拟仪器动态测量不确定度的研究几乎没有涉及。

2.5.2　虚拟仪器测量不确定度研究面临的关键问题

虚拟仪器测量不确定度评定问题已经成为制约虚拟仪器进一步发展和应用的瓶颈。这个问题难以解决的原因主要有两个:其一,在虚拟仪器中,软件(算法)起了关键作用,但算法的不确定度评定目前没有公认而有效的解决方法;其二,虚拟仪器测量不确定度评定涉及的环节较多,它是一个高度非线性问题,靠传统的局部线性化方法难以获得较为满意的效果,需要转换思路、另辟蹊径。

虚拟仪器测量不确定度评定主要包含以下三个关键问题:

1) 如何量化虚拟仪器中软件(算法)的测量不确定度

和传统仪器相比,虚拟仪器是用软件实现了传统仪器中的部分硬件功能,因此软件(算法)的不确定度对整个仪器的不确定度必然有直接影响,成为虚拟仪器测量不确定度评定的核心问题之一,但目前尚没有有效的解决方法。由于软件(算法)的测量不确定度客观存在,需要研究软件(算法)的不确定度评定模型,以量化其测量不确定度,并为虚拟仪器的合成不确定度评定奠定基础。

2）如何量化虚拟仪器中单一硬件环节的测量不确定度

虚拟仪器测量系统的主要硬件环节包括传感器、信号调理器、ADC 等，目前尚没有公认而有效的方法评定其测量不确定度。为此需要根据硬件的输入输出特性及不确定度来源的种类及性质，建立单一硬件环节的测量不确定度评定模型，为虚拟仪器的合成测量不确定度评定奠定基础。

3）如何评定虚拟仪器测量结果的不确定度

在虚拟仪器软件及硬件环节的测量不确定度已知的情况下，如何评价虚拟仪器的静态测量不确定度和动态测量不确定度，从目前已有文献看，尚没有公认而有效的解决方法，而且对虚拟仪器动态测量不确定度的研究几乎没有涉及。为此需要"融合"每一硬件环节及软件环节的静态输入输出，利用上述软件不确定度评定模型和单一硬件环节的测量不确定度模型，建立虚拟仪器静态测量不确定度评定模型，从而为研究动态测量不确定度评定问题奠定基础。此外，在充分考虑到动态测量时被测量的时变特性、传感器、信号调理器、ADC 直至测量算法动态性能的前提下，建立虚拟仪器动态测量不确定度评定模型，从而解决虚拟仪器动态测量不确定度评定难题。

2.6 虚拟仪器测量不确定度的研究内容

一般一个完整的虚拟仪器包括传感器、信号调理器、ADC、测量算法和计算机五个环节，理论上仪器测量结果的不确定度依赖于这五个环节的测量不确定度。由于测量算法运行在计算机上，而且当前计算机的位数（字长）较大，因此可以只考虑测量算法的不确定度，从而可以认为虚拟仪器的测量不确定度只与传感器、信号调理器、ADC 和测量算法的不确定度有关。此外，因为虚拟仪器可以用于静态测量，也可以用于动态测量，相应的测量不确定度评定也分为静态测量不确定度评定和动态测量不确定度评定。因此虚拟仪器的静态测量不确定度评定问题和动态测量不确定度评定问题是一个涉及上述五个环节的静态和动态特性的系统问题，需要较为全面地研究与仪器测量不确定度评定的相关问题。本书具体研究内容如图 2-15 所示。

1）虚拟仪器各环节性能指标分析

分析传感器、信号调理器、ADC 和算法的主要性能指标包括静态性能指标和动态性能指标，作为研究传感器、信号调理器、ADC 和算法的静态测量不确

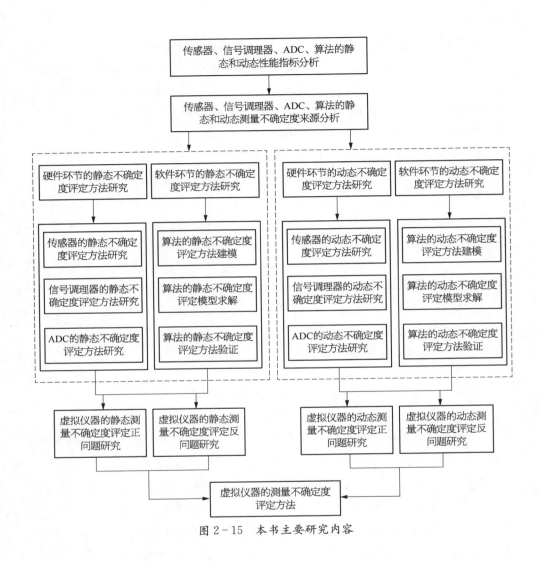

图 2-15　本书主要研究内容

定度和动态测量不确定度的基础。

2）虚拟仪器各环节的测量不确定度来源分析

根据传感器、信号调理器、ADC 和算法的主要性能指标,分析它们各自的测量不确定度来源,也需要分析、研究每一种不确定度来源的概率分布规律。

3）虚拟仪器静态测量不确定度评定方法研究

（1）虚拟仪器各环节的静态测量不确定度评定方法研究。在传感器、信号调理器、ADC 和算法的静态测量不确定度来源的大小和概率分布规律已知的前提下,研究这些概率分布规律的合成方法,从而获得传感器、信号调理器、ADC 和算法的静态合成测量不确定度。

（2）虚拟仪器静态直接测量不确定度评定正问题研究。在传感器、信号调理器、ADC 和算法的静态测量合成不确定度已知的情况下,研究并建立虚拟仪器的测量不确定度与这四个环节的合成测量不确定度的量化关系。基于这种量化关系,可以检验和分析已有仪器的测量不确定度评定指标。

（3）虚拟仪器静态直接测量不确定度评定反问题研究。对于静态测量场合,在虚拟仪器的设计阶段需要解决的关键问题是,在仪器测量不确定度指标给定的前提下,如何给传感器、信号调理器、ADC 和算法合理分配不确定度。这是仪器测量和计量领域里尚未解决的关键问题之一。本书将较为系统地研究并提出其具体解决办法。

（4）虚拟仪器静态间接测量不确定度评定正问题研究。对于静态间接测量,研究在每一个被测分量的测量不确定度给定的前提下,确定虚拟仪器间接测量结果的不确定度评定方法。当然,这种方法依赖于间接测量结果与每个被测分量的定量关系。

（5）虚拟仪器静态间接测量不确定度评定反问题研究。对于静态间接测量场合,在虚拟仪器的设计阶段需要解决的关键问题是,在仪器测量不确定度指标给定的前提下,如何给每一个被测量合理地分配不确定度。这也是仪器测量和计量领域里尚未解决的关键问题之一。本书也将针对上述问题进行研究并提出其具体解决办法。

4）虚拟仪器动态测量不确定度评定方法研究

（1）虚拟仪器各环节的动态测量不确定度评定方法研究。在传感器、信号调理器、ADC 和算法的动态测量不确定度来源的大小和概率分布规律已知的前提下,研究这些概率分布规律的合成方法,从而获得传感器、信号调理器、ADC 和算法的动态合成测量不确定度。

（2）虚拟仪器动态直接测量不确定度评定正问题研究。在传感器、信号调理器、ADC 和算法的动态测量合成不确定度已知的情况下,研究并建立虚拟仪器的测量不确定度与这四个环节的合成测量不确定度的量化关系。基于这种量化关系,可以检验和分析已有仪器的测量不确定度评定指标。

（3）虚拟仪器动态直接测量不确定度评定反问题研究。对于动态测量场合,在虚拟仪器的设计阶段需要解决的关键问题是,在仪器测量不确定度指标给定的前提下,如何给传感器、信号调理器、ADC 和算法合理分配不确定度。

这是仪器测量和计量领域里尚未解决的关键问题之一。本书将进行研究并提出其具体解决办法。

(4) 虚拟仪器动态间接测量不确定度评定正问题研究。对于动态间接测量,研究在每一个被测分量的测量不确定度给定的前提下,确定虚拟仪器间接测量结果的不确定度评定方法。当然,这种方法依赖于间接测量结果与每个被测分量的定量关系。

(5) 虚拟仪器动态间接测量不确定度评定反问题研究。对于动态间接测量场合,在虚拟仪器的设计阶段需要解决的关键问题是,在仪器测量不确定度指标给定的前提下,如何给每一个被测量合理地分配不确定度。这也是仪器测量和计量领域里尚未解决的关键问题之一。本书也将进行研究并提出其具体解决办法。

2.7　　虚拟仪器测量不确定度的研究方法

虚拟仪器测量不确定度评定问题的研究首先需要进行的是传感器、信号调理器、ADC 和算法的静态不确定度和动态不确定度评定方法的研究;在此基础上进行虚拟仪器静态测量和动态测量结果的不确定度评定方法研究,它又分为虚拟仪器直接测量和间接测量两种情况。针对这些问题,本书主要采用了理论建模和案例验证的研究方法。

1) 虚拟仪器各环节的测量不确定度分布规律及大小的确定

根据传感器、信号调理器、ADC 和算法主要性能指标的误差分布范围及特点,确定它们的概率分布规律,从而可以基于 GUM 的基本原则确定与每一种性能指标相对应的测量不确定度的大小。

2) 虚拟仪器静态测量不确定度评定方法确定

(1) 虚拟仪器各环节的静态测量不确定度评定方法确定。在传感器、信号调理器、ADC 的静态测量不确定度来源的大小和概率分布规律已知的前提下,本书采用了两种方法研究其合成不确定度的确定方法。第一种方法是利用概率分布密度函数的 Gram-Chariler 级数展开方法研究它们的上述每一个环节的合成不确定度大小;第二种方法是基于卷积的方法研究每个环节的合成不确定度。书中分别以一种霍尔电流传感器和一种称重传感器为例,验证了这两种方法的有效性。

针对算法的不确定度评定,本书提出的研究方法如下:基于一个具体算法的定义、目标、变量类型、逻辑关系分析和运算步骤,可以先确定舍入误差和截断误差的大小和分布规律,之后依据 GUM 的原则,确定舍入不确定度和截断不确定度;最后通过引入相对不确定度,建立算法的合成不确定度与舍入不确定度及截断不确定度的定量关系,从而解决算法不确定度的合成问题。书中以傅里叶变换算法为例,验证了该方法的有效性。

（2）虚拟仪器静态直接测量不确定度评定正问题研究。在传感器、信号调理器、ADC 和算法的静态测量合成不确定度已知的情况下,通过引入相对测量不确定度,可以分别获得传感器、信号调理器、ADC 和算法的静态相对不确定度;之后建立仪器测量结果的相对不确定度与传感器、信号调理器、ADC 和算法的相对不确定度之间的定量关系,从而可以解决虚拟仪器静态直接测量不确定度评定正问题。

（3）虚拟仪器静态直接测量不确定度评定反问题研究。对于静态测量场合,在虚拟仪器的设计阶段,在仪器测量不确定度指标给定的前提下,可以先确定仪器相对测量不确定度指标,并以传感器的相对测量不确定度为基准,引入相对系数法,再通过求解仪器测量结果的相对不确定度与传感器、信号调理器、ADC 和算法的相对不确定度的关系方程,确定传感器的相对测量不确定度,并依此确定信号调理器、ADC 和算法的相对不确定度,作为选择传感器、信号调理器、ADC 和算法的依据。本书以电刷镀镀层厚度测量虚拟仪器为例,验证了上述方法的有效性。

（4）虚拟仪器静态间接测量不确定度评定正问题研究。对于静态间接测量,由于被测量 y 与每一个分量 x_i 的关系 $y = f(x_1, x_2, \cdots, x_n)$ 已经确定,则可以依据 GUM 中的"不确定度传播定律"确定被测量 y 的测量不确定度大小。

（5）虚拟仪器静态间接测量不确定度评定反问题研究。对于静态间接测量,由于被测量 y 与每一个分量 x_i 的关系 $y = f(x_1, x_2, \cdots, x_n)$ 已经确定,且被测量 y 的测量不确定度指标已经给出,则可以在 n 个测量分量 x_1、x_2、$\cdots$、x_n 中选择一个"最难测量的量"为基准,通过引入相对系数法,依据 GUM 中的"不确定度传播定律"确定该"最难测量的分量"的不确定度大小,再依此确定其余被测分量的不确定度大小。书中以电刷镀发热功率测量为例,验证了该方法的有效性。

3）虚拟仪器动态测量不确定度评定方法研究

（1）虚拟仪器各环节的动态测量不确定度评定方法研究。在动态测量场合,先建立传感器和信号调理器输入与输出关系的微分方程,再利用拉普拉斯变换获得传感器和信号调理器的传递特性函数;之后分别研究其幅频特性和相频特性,包括其大小及分布规律;再依据 GUM 的原则,确定幅值不确定度和相位不确定度。本书中以一种加速度传感器为例,验证了该方法的有效性。

对于 ADC,本书将基于 Z 变换这一描述离散系统的工具,获得 ADC 的传递函数,从而可以根据幅值和相位的大小和分布规律,依据 GUM 的原则确定 ADC 幅值不确定度和相位不确定度。此外还基于神经网络方法研究并建立了一种 ADC 的不确定度评定方法。本书中分别以两种 ADC 验证了两种方法的有效性。

由于当前计算机的运算速度较快,一般情况下,算法在动态测量场合下的不确定度与静态测量场合下的不确定度几乎没有差别。因此在动态测量场合,一般可以借用上述在静态测量条件下的算法不确定度评定方法获得其测量不确定度。

(2)虚拟仪器动态直接测量不确定度评定正问题研究。当传感器、信号调理器、ADC 和算法的动态测量合成不确定度已知时,通过引入相对测量不确定度,可以获得某一频率下传感器、信号调理器、ADC 和算法的动态相对测量合成不确定度,之后建立在动态测量条件下虚拟仪器的幅值相对不确定度和相位不确定度与这四个环节的幅值相对测量不确定度和相位不确定度的量化关系。基于这种量化关系,可以检验和分析已有仪器在动态测量场合下幅值不确定度和相位不确定度指标。本书中以一种加速度测量虚拟仪器为例,验证了该方法的有效性。

当然也可以依据 GUM 中 A 类评定方法,即给传感器重复输入同一频率和幅值的正弦信号,对仪器测量结果进行统计分析,从而可以得到某一频率下仪器的幅值不确定度和相位不确定度。

此外也可以对仪器测量结果进行离散傅里叶变换,以确定有效值的测量不确定度。

(3)虚拟仪器动态直接测量不确定度评定反问题研究。对于动态测量场合,在虚拟仪器的设计阶段,若某一频率的测量不确定度指标已经给定,则可以引入相对不确定度,并建立该频率下仪器的相对测量不确定度与传感器、信号调理器、ADC 和算法的相对测量不确定度之间的关系。以传感器的相对测量不确定度为"基准",引入相对系数法,再通过求解仪器测量结果的相对不确定度与传感器、信号调理器、ADC 和算法的相对不确定度的关系方程,先确定传感器的相对测量不确定度,并依此确定信号调理器、ADC 和算法的相对不确定度,作为选择传感器、信号调理器、ADC 和算法的依据。

(4)虚拟仪器动态间接测量不确定度评定正问题研究。对于动态间接测量,由于被测量 y 与每一个分量 x_i 的关系 $y = f(x_1, x_2, \cdots, x_n)$ 已经确定,当每一个被测分量有效值的测量不确定度给定时,可以依据 GUM 中的测量不确定度传播定律,确定虚拟仪器间接测量结果有效值的不确定度。

当然也可以对仪器测量结果进行离散傅里叶变换,根据某一频率下的幅值和相位的大小和分布规律,再依据 GUM 确定幅值不确定度和相位不确定度。

(5)虚拟仪器动态间接测量不确定度评定反问题研究。对于动态间接测量,由于被测量 y 与每一个分量 x_i 的关系 $y = f(x_1, x_2, \cdots, x_n)$ 已经确定,且被测量 y 的有效值的测量不确定度指标已经给出,则可以在 n 个测量分量 $x_1, x_2, \cdots, x_n$ 中选择一个"最难测量的量"为基准,通过引入相对系数法,依据 GUM 中的"不确定度传播定律"确定该"最难测量的分量"的有效值的不确定度大小,再依此确定其余被测分量的有效值的不确定度。

2.8　虚拟仪器测量不确定度的应用前景

目前国内对仪器测量不确定度的认识、研究及测量不确定度的推广应用尚不充分,和发达国家相比还有一定差距。同时国内对虚拟仪器不确定度的理论研究更为薄弱,这在一定程度上制约了我国测量和计量水平的进一步提高及虚拟仪器技术的推广应用。因此本书的研究将有助于解决这些问题,主要体现在以下四个方面:

(1)当前的仪器开发主要采用"依据经验选型(传感器、信号调理器、ADC)→仪器构建→仪器运行→结果评判"的模式。这种模式具有事后性,具体体现在只有等仪器开发并投入使用后,才能依据仪器的测量结果判断仪器设计是否达到了设计指标要求。显然,这种仪器设计方法具有极大的风险,一旦仪器测量结果不达标,则仪器需要重新设计。本书研究了虚拟仪器测量不确定度评定的反问题,从而在仪器的设计阶段,可以根据仪器的不确定度设计指标,利用本书中提出的不确定度评定反问题的求解方法,为传感器、信号调理器、ADC 和算法合理分配不确定度,从而为这些环节的器件选型提供依据。这种方法使得仪器设计摆脱了严重依赖于仪器开发人员经验的"事后"模式,使得仪器设计具有"事先性",从而极大地降低了仪器设计风险。

（2）研究并提出虚拟仪器静态测量的不确定度评定方法,拟解决虚拟仪器直接测量不确定度评定难题。这些方法对虚拟仪器技术的研究和进一步推广应用具有促进作用,特别是有助于解决制造参数测量精度不断提高、测量尺度向大小两极延伸的难题。

（3）研究虚拟仪器动态测量不确定度评定问题,将有助于将虚拟仪器进一步向系统运行参数检测方向拓展,从而满足加工过程相关参量的实时检测及重大装备运行时的动态测量要求。

（4）虚拟仪器的测量不确定度评定方法对传统仪器的测量不确定度评定也有帮助和指导意义。以硬件为主的传统仪器也面临着测量不确定度评定问题,可以借鉴虚拟仪器中的硬件测量不确定度评定方法评定传统仪器中的硬件测量不确定度,也可以借鉴虚拟仪器测量结果不确定度评定方法评定传统仪器测量结果的不确定度。

参 考 文 献

[1] Gaurav Pal Virtual Instrumentation [Z]. IEEE,1994：20-22.

[2] 荆学东,徐滨士,王成涛,等.虚拟仪器技术及其应用[J].陕西科技大学学报,2007,25(2)：128-132.

[3] 张智慧,荆学东,丁虎.噪声对高速 ADC 的动态性能影响分析[J].船舶工程,2015,37(3)：58-61.

[4] 付丽华,边家文,李志明,等.谐波信号分析处理[M].武汉：中国地质大学出版社,2013.

[5] 邓若汉,余金金,王洪彬,等.基于 LabVIEW 的 ADC 综合性能测试系统[J].科学技术与工程,2012,12(19)：4653-4658.

[6] 国家自然科学基金委员会工程与材料科学部机械工程学科发展战略报告(2011—2020)[M].北京：科学出版社,2010：292-294.

[7] 叶声华,秦树人.现代测试计量技术及仪器的发展[J].中国测试,2009,35(2)：1-6.

[8] 国家自然科学基金委员会工程与材料科学部学科发展战略研究报告(2006—2010)：机械与制造科学[M].北京：科学出版社,2006：277.

[9] ISO. Guide to the Expression of Uncertainty in Measurement [S]. ISO,1993.

[10] ISO. Guide to the Expression of Uncertainty in Measurement [S]. ISO,1995.

[11] Attivissimo F, Cataldo A, Fabbiano L, et al. Systematic errors and measurement uncertainty: an experimental approach [J]. Measurement, 2011(44): 1781 - 1789.

[12] Duan J B, Chen D G. ADC spectral performance measurement uncertainty in DFT method [C]// 2011 IEEE International Conference on Electro/Information Technology (EIT). IEEE, 2011.

[13] Mrak P, Biasizzo A, Novak F. On measurement uncertainty of ADC nonlinearities in oscillation-based test [R]. Test Symposium (ETS), 2010 15th IEEE European. IEEE, 2010.

[14] Nuccio S, Spataro C. Approach to evaluate the virtual instrumentation measurement uncertainties [C]//IEEE Instrumentation and Measurement Technology Conference. Budapast, Hungary, 2001: 84 - 89.

[15] Ghiani E, Locci N, Muscas C. Auto-evaluation of the uncertainty in virtual instruments [C]//IEEE Instrumentation and Measurement Technology Conference. Anchorage AK, USA, 2001: 385 - 389.

[16] Locci N, Muscas C, Ghiani E. Evaluation of uncertainty in measurements based on digitized data [J]. Measurement, 2003,2: 265 - 272.

[17] Attivissimo F, Giaquinto N, Savino M. Worst-case uncertainty measurement in ADC-based instruments [J]. Computer Standards & Interfaces, 2007(29): 5 - 10.

[18] Braudaway D W. Uncertainty specification for data acquisition (DAQ) devices [J]. IEEE Transactions on Instrumentation and Measurement, 2006,55(1): 74 - 78.

[19] Ramos P M, Janeiro F M, Tlemanii M, et al. Uncertainty analysis of impedance measurements using DSP implemented ellipse fitting algorithms [C]//I2MTC 2008 — IEEE International Instrumentation and Measurement Technology Conference. Victoria, Vancouver Island, Canada, 2008.

[20] Locci N, Muscas C, Ghiani E. Evaluation of uncertainty in measurements based on digitized data [J]. Measurement, 2002(32): 265 - 272.

[21] Larnpasi D A, Podesta L. A practical approach to evaluate the measurement uncertainty of virtual instruments [C]//IMTC 2004 — Instrumentation and Measurement Technology Conference. Italy, 2004.

[22] Peretto L, Sasdelli R, Scala E, et al. An equipment for voltage-transducers calibration oriented to the uncertainty estimate in DSP-based measurements

[J]. IEEE Transactions on Instrumentation and Measurement，2007，56(6)：2577－2583.

[23] Fang X H, Song M S. Estimation of maximum-entropy distribution based on genetic algorithms in evaluation of the measurement uncertainty [C]//2010 Second WRI Global Congress on Intelligent Systems. 2010.

[24] De Capua C, Romeo E. A t-norm-based fuzzy approach to the estimation of measurement uncertainty [J]. IEEE Transactions on Instrumentation and Measurement，2009，58(2)：229－233.

[25] Lampasi D A. An alternative approach to measurement based on quantile functions [J]. Measurement，2008(41)：994－1013.

[26] Nuccio S, Spataro C, Tine G. Virtual instruments：uncertainty evaluation in the presence of electromagnetic interferences [R]. AMUEM 2007 — International Workshop on Advanced Methods for Uncertainty Estimation in Measurement. Sardagna, Trento, Italy，2007.

[27] De Capua C, IEEE Member, Grillo D, et al. A self-calibrating virtual instrument for THD measurements [C]//VECIMS 2006 — IEEE International Conference on Virtual Environments, Human-Computer Interfaces, and Measurement Systems. La Coruña, Spain，2006.

[28] Romeo E, De Capua C. Calibration of virtual instruments based on random-fuzzy approach [C]//IMTC 2005 — Instrumentation and Measurement Technology Conference. Ottawa, Canada，2005.

[29] 黄美发,景晖,匡兵,等.基于拟蒙特卡洛方法的测量不确定度评定[J].仪器仪表学报,2009,30(1)：120－125.

[30] 王中宇,葛乐矣,杨文平,等.一种小样本虚拟仪器测量不确定度评定新方法[J].计量学报,2008,29(4)：387－392.

[31] 乔仁晓,孟晓风,王莹莹.虚拟仪器测量不确定度研究[J].电子测量与仪器学报,2007,21(3)：52－55.

[32] 刘文文,葛乐矣.基于蒙特卡洛方法的虚拟仪器测量不确定度评估[J].电子测量与仪器学报,2007,21(3)：56－60.

[33] Jing X D. Evaluation of measurement uncertainties of virtual instruments [J]. The International Journal of Advanced Manufacturing Technology，2003(27)：1202－1210.

[34] 荆学东,吉涛,何凯,等.一种卧式圆柱度测量虚拟仪器的不确定度评估[J].陕西科技大学学报(自然科学版),2011,29(1)：121－124.

[35] Hermann G. Various approaches to measurement uncertainty: a comparison [C]//2011 IEEE 9th International Symposium on Intelligent Systems and Informatics. Subotica, Serbia, 2011.

[36] Hessling J P. Propagation of dynamic measurement uncertainty [J]. Measurement Science & Technology, 2011,22(10): 105105.

[37] Accattatis A, Saggio G, Giannini F. A real time FFT-based impedance meter with bias compensation [J]. Measurement, 2011(44): 702 – 707.

[38] Wang J D, Guo J J, Wang H, et al. The evaluation of measurement uncertainty for laser tracker, based on Monte-Carlo method [C]//Proceedings of the 2011 IEEE International Conference on Mechatronics and Automation. Beijing, 2011.

[39] Aggogeri F, Barbato G, Barini E M, et al. Measurement uncertainty assessment of Coordinate Measuring Machines by simulation and planned experimentation [J]. CIRP Journal of Manufacturing Science and Technology, 2011(4): 51 – 56.

[40] Beaman J, Morse E. Experimental evaluation of software estimates of task specific measurement uncertainty for CMMs [J]. Precision Engineering, 2010 (34): 28 – 33.

[41] Sommer K-D, Kühn O, León F P, et al. A Bayesian approach to information fusion for evaluating the measurement uncertainty [J]. Robotics and Autonomous Systems, 2009(57): 339 – 344.

[42] Mauris G. The principle of possibility maximum specificity as a basis for measurement uncertainty expression [C]//AMUEM 2009 — International Workshop on Advanced Methods for Uncertainty Estimation in Measurement. Bucharest, Romania, 2009.

[43] Mari L. A computational system for uncertainty propagation of measurement results [J]. Measurement, 2009(42): 844 – 855.

[44] Kruth J-P, Van Gestel N, Bleys P, et al. Uncertainty determination for CMMs by Monte-Carlo simulation integrating feature form deviations [J]. CIRP Annals-Manufacturing Technology, 2009(58): 463 – 466.

[45] Forbes A B. Measurement uncertainty and optimized conformance assessment [J]. Measurement, 2006(39): 808 – 814.

[46] Herrador M Á, Asuero A G, González A G. Estimation of the uncertainty of indirect measurements from the propagation of distributions by using the

Monte-Carlo method: an overview [J]. Chemometrics and Intelligent Laboratory Systems, 2005(79): 115 - 122.

[47] Ferrero A, Salicone S. A comparative analysis of the statistical and random-fuzzy approaches in the expression of uncertainty in measurement [J]. IEEE Transactions on Instrumentation and Measurement, 2005,54(4): 1475 - 1481.

[48] Herrador M Á, González A G. Evaluation of measurement uncertainty in analytical [J]. Talanta, 2004(64): 415 - 422.

[49] Reznik L, Dabke K P. Measurement models: application of intelligent methods [J]. Measurement, 2004(35): 47 - 58.

[50] von Martens H-J. Evaluation of uncertainty in measurements: problems and tools [J]. Optics and Lasers in Engineering, 2002(38): 185 - 206.

[51] Ramu P, Yagüe J A, Hocken R J, et al. Development of a parametric model and virtual machine to estimate task specific measurement uncertainty for a five-axis multi-sensor coordinate measuring machine [J]. Precision Engineering, 2011(35): 431 - 439.

[52] Nuccio S, Spataro C. Virtual instruments: uncertainty evaluation in the presence of unknown electromagnetic interferences [C]//AMUEM 2008 — International Workshop on Advanced Methods for Uncertainty Estimation in Measurement. Sardagna, Trento, Italy, 2008.

[53] Nuccio S, Spataro C. Uncertainty management in the measurements performed by means of virtual instruments [C]//AMUEM 2008 — International Workshop on Advanced Methods for Uncertainty Estimation in Measurement. Sardagna, Trento, Italy, 2008.

[54] 张健,王庆九,武建伟,等. 基于贝叶斯方法的动平衡机动态测量不确定度分析[J]. 仪器仪表学报,2010,131(4): 892 - 897.

第3章

虚拟仪器的静态测量不确定度评定方法

对于静态测量场合,虚拟仪器测量不确定度评定的根本目标是评定仪器测量结果的不确定度,而仪器测量结果的不确定度一定与测量仪器每个环节的不确定度,即与传感器、信号调理器、ADC 及算法的不确定度有关。如何确定仪器测量结果的不确定度与仪器各个测量环节的不确定度的关系,GUM 并没有给出具体原则和方法,但这又是仪器设计阶段所面临的问题,需要研究其解决办法。要研究仪器测量结果的不确定度与传感器、信号调理器、ADC 及算法测量不确定度的关系,首先要研究如何评定这四个环节的测量不确定度。理论上可以依据 GUM 的测量不确定度 A 类评定方法,对传感器、信号调理器、ADC 可以进行重复测量,并利用统计分析的方法评定它们的测量不确定度。但这种方法具有"事后性",即适用于型号和性能参数已经确定的传感器、信号调理器、ADC 及算法的测量不确定度评定,而且这种方法需要专用的测量设备对传感器、信号调理器和 ADC 进行测试。为解决虚拟仪器的静态测量不确定度评定问题,需要简便、易行、可靠的测量不确定度评定方法。在仪器设计阶段,仪器的测量不确定度指标已经给定,如何根据该设计指标为传感器、信号调理器、ADC 及算法分配合理的不确定度指标,是仪器设计的关键问题。针对该问题,GUM 也没有给出具体原则和方法,因此也需要研究具体可行的解决办法。

为研究上述问题,本章首先介绍了虚拟仪器中的传感器、信号调理器、ADC 及算法的不确定度来源;之后分别提出了基于 Gram-Chariler 级数展开方法及基于卷积算法评定传感器、信号调理器和 ADC 静态测量不确定度的评定方法;同时研究并提出了虚拟仪器中软件(检测算法)的舍入不确定度和截断不确定度的评定方法;以这些研究为基础,研究并提出了虚拟仪器静态直接测量和静态间接测量不确定度评定的正问题和反问题的解决方法。

3.1　虚拟仪器的测量不确定度来源

典型的虚拟仪器由以下五部分组成：

（1）传感器。传感器将被测信号变换为合适的电信号。

（2）信号调理器。完成信号滤波、放大（衰减）及将非电压信号变换为电压信号等功能。

（3）数据采集装置 ADC。完成信号采样、保持、A/D 转换等功能。

（4）检测软件（算法）。完成数据采集、调理控制、信号分析及处理、检测结果显示等功能。

（5）计算机。作为硬件平台，为完成检测任务提供强大的数值运算功能和数据处理功能。

虚拟仪器测量的不确定度来自上述五个方面，但由于软件（算法）要在计算机上运行，所以只需要研究传感器的测量不确定度、信号调理器的测量不确定度、数据采集装置的测量不确定度及算法的测量不确定度。需要指出是，由于虚拟仪器是以软件取代了传统仪器中的部分硬件，这种取代是功能上的取代，因而软件的不确定度评定在虚拟仪器测量不确定度评定中不可忽略。

3.1.1　传感器的测量不确定度来源

本书第 2.3.1 节中给出了传感器的主要性能指标，主要包括非线性、噪声、长期稳定性、滞后、重复性、温度漂移、灵敏度、偏移、分辨率及其他干扰等，它们也是传感器测量不确定度的主要来源，如图 3-1 所示[1-3]。传感器产品的技

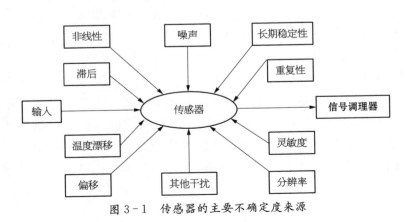

图 3-1　传感器的主要不确定度来源

术规范通常提供上述误差的分布范围 $\pm e_i$，可以依据该误差的分布规律确定置信因子 k_i，则与该误差相应的 B 类标准测量不确定度 u_i 可以依据本书第 1 章式（1-4）确定，即 $u_i = \dfrac{e}{k_i}$。

　　传感器的测量不确定度涉及的范围较宽，而且随传感器的类型不同而变化。在测试系统链中，传感器的测量不确定度往往居于主要地位。当然，图 3-1 只给出了传感器常见的不确定度来源，对于某一具体型号的传感器，其具体的不确定度来源的类型和大小可以从其技术规范中获得。

3.1.2　信号调理器的测量不确定度来源

　　本书第 2.3.2 节中给出了信号调理器的主要性能参数，主要包括非线性、长期稳定性、温度漂移、偏移、增益等，它们是信号调理器的测量不确定度来源，如图 3-2 所示[1-3]。信号调理器产品的技术规范通常提供上述误差的分布范围 $\pm e_i$，可以依据该误差的分布规律确定置信因子 k_i，则与该误差相应的 B 类标准测量不确定度 u_i 可以依据式（1-4）确定，即 $u_i = \dfrac{e}{k_i}$。

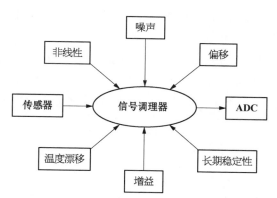

图 3-2　信号调理器的主要不确定度来源

　　图 3-2 只是给出了一般信号调理器的主要不确定度来源，对于具体型号的信号调理器，其不确定度来源的类型和大小可以从其技术规范中获得。

3.1.3　ADC 的测量不确定度来源

　　本书第 2.4.3 节给出了 ADC 即 A/D 转换的主要性能指标，它们为 ADC 的测量不确定度来源，如图 3-3 所示[1-3]。同样，对于非线性、长期稳定性、温度漂移、偏移、分辨率、噪声等，ADC 产品的技术规范通常提供其误差的分布范围 $\pm e_i$，可以依据该误差的分布规律确定置信因子 k_i，则与该误差相应的 B 类标准测量不确定度 u_i 可以依据式（1-4）确定，即 $u_i = \dfrac{e}{k_i}$。

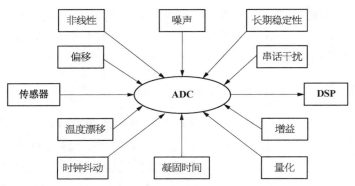

图 3-3　ADC 的主要不确定度来源

在图 3-3 中，量化误差分布为 ± 0.5 LSB；凝固时间（setting time）是指某一信号放大到指定精度并维持在该精度范围内所需要的时间，其误差在技术规范中也提供，但是指最大采样率及满量程时的值；串话干扰（cross-talk）是指在多通道数据采集时，通道之间的干扰，其误差在产品技术规范中也提供，它是采样信号的均方根值（rms）和干扰信号的均方根值的最小比值；时钟抖动（time jitter）和信号的导数有关，在最坏的情况下其不确定度由下式确定[4]：

$$u_{\text{jitter}} = 2\exp\left\{-\left[\lg 2^{\left(\frac{2}{\sqrt{3}\pi f_{\text{m}}\tau_\beta}\right)^{-1}}\right]\right\} \cdot V_{\text{range}} \qquad (3-1)$$

式中　f_{m}——信号分量中的最大频率；

　　　τ_β——孔径抖动（aperture jitter）的均方根值。

同样，图 3-3 只是给出了一般 ADC 的主要不确定度来源，对于某种具体型号的 ADC，其不确定度来源的类型和大小可以从其技术规范获得。

3.1.4　测量软件算法的测量不确定度来源

在虚拟仪器中，算法误差包括舍入误差和截断误差，它们是算法（DSP）测量不确定度的来源，即 DSP 舍入不确定度和 DSP 截断不确定度。算法偏差也称为截断误差，是由于检测算法的有限次运行导致的，如对于时域无限长的信号需要进行加窗处理,因为对信号进行截断,其频谱不再连续;还有对函数利用有限项逼近进行计算等,这些方法都势必带来计算误差。舍入是由于计算机微处理器的字长有限造成的,它可能发生于浮点数的加法和乘法运算,此时其不确定度可分别由式(3-2)和式(3-3)计算[5],也可能发生在定点数的乘法运算,此时其不确定度可由式(3-4)计算[6]:

$$u_{\text{float, add}} = \sqrt{p \cdot 0.18 \cdot 2^{-2B_\text{m}}} \qquad (3-2)$$

$$u_{\text{float, multipl}} = \sqrt{0.18 \cdot 2^{-2B_\text{m}}} \qquad (3-3)$$

$$u_{\text{fixed, multipl}} = \sqrt{\frac{2^{-2B_\text{x}}}{12}} \qquad (3-4)$$

式中　B_m——尾数的位数(mantissa);

　　　p——一个在加法运算中与舍入发生概率相关的因子;

　　　B_x——计算机的固定字长(fixed wordlength)。

　　算法中的舍入不确定度和截断不确定度大小的确定,依赖于对具体输入和输出结果的表示方式(定点数或浮点数)、算法运算方式、算法执行步骤及算法截断误差大小的估计。

　　本书第3.1.1～3.1.4节给出了虚拟仪器中传感器、信号调理器、ADC及算法的主要来源,但由于传感器、信号调理器、ADC及算法种类较多,它们具体的静态测量不确定度来源与传感器、信号调理器、ADC的具体类型和型号及算法的类型有关,当然在分析传感器、信号调理器、ADC的不确定度来源及每一种不确定度来源所起的作用时,也应当考虑到仪器使用环境,如温度、湿度、电磁干扰等情况,并确定每一个不确定度来源的大小及其概率分布规律,之后的问题是如何将这些不确定度来源进行合成,以得到传感器、信号调理器、ADC的合成不确定度,具体方法将在第3.2、3.3节研究。由于虚拟仪器中软件起到了关键作用,因此算法的不确定度应该引起重视,包括舍入误差引起的不确定度和截断误差引起的不确定度,需要有切实可行的方法评定舍入不确定度和截断不确定度,并将它们合成,以获得算法的合成测量不确定度。算法的不确定度分析及合成将在第3.4节研究。

3.2　基于 Gram-Chariler 级数展开的传感器、信号调理器和 ADC 的静态测量不确定度评定方法

　　由本书第3.1节的分析可以看出,对于传感器、信号调理器和 ADC,它们

各自的不确定度来源有多种,当这些来源是随机且相互独立时,其合成不确定度问题可转化为求解 n 个相互独立的随机变量的不确定度问题[1-2]。

假定 n 个随机变量分别为 η_1, η_2, $\cdots$, η_n,其置信区间为 $\pm e_i(i=1, 2, \cdots, n)$,则根据式(1-4),随机变量 η_i 的标准不确定度 u_i 为

$$u_i = \frac{e_i}{k_{ai}} \qquad (3-5)$$

式中　k_{ai}——置信系数,其值可以依据随机变量 η_i 在区间 $\pm e_i$ 的概率分布规律确定。常用的概率分布规律有正态分布、矩形分布、三角分布、U 分布,它们对应的置信系数 k_a 分别为 3、$\sqrt{3}$、$\sqrt{6}$ 和 $\sqrt{2}$。

理论上,如果所有随机变量的分布规律已知,则将这些分布做 $n-1$ 次卷积可以得到合成概率分布,从而可以确定合成分布的置信系数。然而因为计算卷积的运算量较大,为此提出了利用 Gram-Chariler 级数来确定合成分布的置信系数的方法。

3.2.1　概率分布密度函数的 Gram-Chariler 级数展开

设 $f(x)$ 表示随机变量 x 的概率分布密度函数,假定其数学期望 $Ex=0$,其方差为 σ^2。函数 $f(t)=f\left(\dfrac{x}{\sigma}\right)$ 按照 Gram-Chariler 级数展开为

$$f(t) = \sum_{i=0}^{\infty} \beta_i \varphi^{(i)}(t) \qquad (3-6)$$

其中, $\varphi(t) = \dfrac{1}{\sqrt{2\pi}} \mathrm{e}^{\frac{-t^2}{2}}$, $\varphi^{(0)}(t) = H_0(t)\varphi(t)$, $\cdots$,即

$$\varphi^{(i)}(t) = \frac{\mathrm{d}^i \varphi(t)}{\mathrm{d}t^i} = H_i(t)\varphi(t) \qquad (3-7)$$

其中, $H_0(t)=1$, $H_1(t)=-t$, $H_2(t)=t^2-1$, $\cdots$,且

$$H_i(t) = (-1)^i \left[t^i - \frac{i(i-1)}{2} - t^{i-2} + \cdots + \frac{i(i-1)\cdot\cdots\cdot(i-2k+1)}{2^k(k!)} t^{i-2k} + \cdots \right]$$
$$\qquad (3-8)$$

其中, $H_i(t)$ 称为 Hermite 多项式,它具有以下正交特性:

$$\int_{-\infty}^{+\infty} H_i(t) H_j(t) \varphi(t) \mathrm{d}t = \begin{cases} i!, & i=j \\ 0, & i \neq j \end{cases} \qquad (3-9)$$

将式(3-7)代入式(3-6),可得

$$f(t) = \sum_{i=0}^{\infty} \beta_i H_i(t) \varphi(t) \qquad (3-10)$$

式(3-10)中的系数 β_i 可通过将式(3-10)与 $H_i(t)$ 相乘,并将乘积在区间 $\pm\infty$ 内积分及利用 Hermite 多项式的正交性得到,即

$$\int_{-\infty}^{+\infty} H_i(t) f(t) \mathrm{d}t = \sum_{j=0}^{\infty} \int_{-\infty}^{+\infty} \beta_j H_j(t) H_i(t) \varphi(t) \mathrm{d}t = \beta_i i!$$

$$\beta_i = \frac{1}{i!} \int_{-\infty}^{+\infty} H_i(t) f(t) \mathrm{d}t \qquad (3-11)$$

因而

$$\beta_0 = \int_{-\infty}^{+\infty} f(t) \mathrm{d}t = 1$$

$$\beta_1 = \int_{-\infty}^{+\infty} t f(t) \mathrm{d}t = 0$$

$$\beta_2 = \frac{1}{2!} \int_{-\infty}^{+\infty} (t^2 - 1) f(t) \mathrm{d}t = 0$$

$$\beta_3 = \frac{1}{3!} \int_{-\infty}^{+\infty} (t^3 - 3t) f(t) \mathrm{d}t = \frac{1}{3!} \int_{-\infty}^{+\infty} t^3 f(t) \mathrm{d}t = -\frac{C_s}{3!}$$

$$\beta_4 = \frac{1}{4!} \int_{-\infty}^{+\infty} (t^4 - 6t^2 + 3) f(t) \mathrm{d}t = -\frac{3 - C_e}{4!} = -\frac{\gamma}{4!}$$

$$\cdots\cdots$$

其中

$$C_s = \int_{-\infty}^{+\infty} t^3 f(t) \mathrm{d}t = \frac{1}{\sigma^3} \int_{-\infty}^{+\infty} x^3 f(x) \mathrm{d}x \qquad (3-12)$$

$$C_e = \int_{-\infty}^{+\infty} t^4 f(t) \mathrm{d}t = \frac{1}{\sigma^4} \int_{-\infty}^{+\infty} x^4 f(x) \mathrm{d}x \qquad (3-13)$$

$$\gamma = 3 - C_e \qquad (3-14)$$

式中　C_s ——偏倚系数,用于描述函数 $f(x)$ 的对称性,是变量 t 的三阶中心矩,若函数 $f(x)$ 对称,则 $C_s = 0$;

　　　C_e ——峰凸系数,用于描述函数的凹凸性,是变量 t 的四阶中心矩;

　　　γ ——偏峰系数。

若函数 $f(x)$ 对称时,将系数 a_i 及 $\varphi^{(i)}(t)$ 代入式(3-6),可得

$$f(t) = \varphi(t) + \frac{C_e - 3}{4!}\varphi^{(4)}(t) + \cdots \qquad (3-15)$$

因此函数 $f(t)$ 可以展开成正态分布 $\varphi(t)$ 及其各阶导数的和。由于这种级数展开的唯一性,从而可以依据式(3-15)确定偏峰系数 γ,进而再利用 γ 和置信系数 k_α 的关系确定 k_α。

3.2.2　置信系数 k_α 和偏峰系数 γ 的关系

假定随机变量 x 的置信限为 e,如果指定置信水平 $P(|x| < e) = 1 - \alpha$(α 称为显著水平),则按照定义置信系数 $k_\alpha = \dfrac{e}{\sigma}$。下面将利用偏峰系数 γ 和式(3-16)确定置信系数 k_α,注意到函数 $f(x)$ 的对称性,可得

$$\begin{aligned}
\int_{-\infty}^{e} f(x)\mathrm{d}x &= 1 - \frac{\alpha}{2} \\
&= \int_{-\infty}^{k_\alpha} f(t)\mathrm{d}t = \int_{-\infty}^{k_\alpha} \varphi(t)\mathrm{d}t - \frac{\gamma}{4!}\int_{-\infty}^{k_\alpha} \varphi^{(4)}(t)\mathrm{d}t + \cdots \\
&= \Phi(k_\alpha) - \frac{\gamma}{4!}\varphi^{(3)}(k_\alpha) + \cdots \\
&\approx \Phi(k_\alpha) - \frac{\gamma}{4!}\varphi^{(3)}(k_\alpha) \qquad (3-16)
\end{aligned}$$

式(3-16)有无穷项,为了便于得到 k_α 和 γ 的关系,可以只取前两项。对于密度函数 $f(x)(|x| < e)$ 有以下关系式成立:

$$\sigma^2 = \int_{-e}^{e} x^2 f(x)\mathrm{d}x, \ \mu_4 = \int_{-e}^{e} x^4 f(x)\mathrm{d}x$$

$$C_e = \frac{\mu_4}{\sigma^4}, \ \gamma = 3 - C_e$$

由于 $P(|x| < e) = 1 - \alpha$,从而

$$\int_{-k_\alpha}^{0} f(t)\mathrm{d}t = \frac{1-\alpha}{2} \qquad (3-17)$$

因而对于正态分布、矩形分布、三角分布、双三角分布、反正弦分布、两点分布、椭圆分布,由式(3-17)可得:

正态分布:　　　　　　　　　$\Phi(k_\alpha) = 1 - \dfrac{\alpha}{2}$

矩形分布：　　　　　　　　$k_a = \sqrt{3} - \alpha\sqrt{3}$

三角分布：　　　　　　　　$k_a = \sqrt{6} - \sqrt{6\alpha}$

双三角分布：　　　　　　　$k_a = (2 - 2\alpha)^{\frac{1}{2}}$

反正弦分布：　　　　　　　$k_a = \sqrt{2}\cos\left(\dfrac{\pi\alpha}{2}\right)$

两点分布：　　　　　　　　$k_a = 1$

椭圆分布：　　　　$\dfrac{k_a(4 - k_a^2)^{\frac{1}{2}} + 4\arcsin\left(\dfrac{k_a}{2}\right)}{2\pi} = 1 - \alpha$

将它们代入式（3-16）中，可得置信系数 k_a 和偏峰系数 γ 的关系，见表 3-1。

表 3-1　置信系数 k_a 和偏峰系数 γ 的关系

γ	k_α			
	$\alpha = 0.00$	$\alpha = 0.0027$	$\alpha = 0.01$	$\alpha = 0.05$
0.0	∞	3.00	2.58	1.96
0.1		2.89	2.52	1.95
0.2		2.77	2.45	1.94
0.3		2.66	2.39	1.93
0.4		2.55	2.33	1.92
0.5		2.43	2.26	1.91
0.6	2.45	2.32	2.20	1.90
0.7	2.34	2.24	2.14	1.86
0.8	2.22	2.15	2.08	1.83
0.9	2.11	2.06	2.01	1.80
1.0	2.00	1.98	1.95	1.76
1.1	1.86	1.86	1.83	1.70
1.2	1.73	1.73	1.71	1.65
1.3	1.62	1.62	1.61	1.57
1.4	1.52	1.52	1.51	1.49

γ	k_α			
	$\alpha = 0.00$	$\alpha = 0.0027$	$\alpha = 0.01$	$\alpha = 0.05$
1.5	1.41	1.41	1.41	1.41
1.6	1.33	1.33	1.33	1.33
1.7	1.25	1.25	1.25	1.25
1.8	1.16	1.16	1.16	1.16
1.9	1.08	1.08	1.08	1.08
2.0	1.00	1.00	1.00	1.00

对于具体的传感器、信号调理器和 ADC，需要确定每一种不确定度来源的分布区间，也需要确定其概率分布函数。对于每一种不确定度概率分布，若其概率分布的偏峰系数 γ 可以求得，同时指定了显著水平 α，则置信系数 k_α 可由表 3-1 近似确定。

3.2.3 传感器、信号调理器和 ADC 的合成不确定度评定方法

对于传感器、信号调理器和 ADC，当其不确定度来源相互独立时，则这些变量的分布密度函数也可以展开成 Gram-Chariler 级数，因而只要求合成分布的偏峰系数 γ 并指定置信水平 $(1-\alpha)$，则传感器、信号调理器和 ADC 各自的不确定度合成分布的置信系数 k_α 可以由表 3-1 近似确定。为此将应用以下定理来确定偏峰系数 γ。

定理：n 个相互独立的误差变量 η_1，η_2，$\cdots$，η_n 的四阶中心矩 $\mu_{1\sim n}^{(4)}$ 可由下式确定：

$$\mu_{1\sim n}^{(4)} = \sum_{i=1}^{n} (\mu_i^{(4)} - 3\sigma_i^4) + 3\left(\sum_{i=1}^{n} \sigma_i^2\right)^2 \qquad (3-18)$$

式中　$\mu_i^{(4)}$、σ_i^2——随机变量 η_i 的四阶中心矩和方差 $i=1,2,\cdots,n$。

证明：（数学归纳法）

（1）$n=2$，令 $\mu_{12}^{(k)} = E\{\eta_1 + \eta_2\}^k$

注意到 η_1 和 η_2 相互独立，$E\eta_i = 0$，则

$$\mu_{12}^1 = E\{\eta_1 + \eta_2\} = 0$$

$$\mu_{12}^2 = E\{\eta_1 + \eta_2\}^2 = E\eta_1^2 + E\eta_2^2 = \sigma_1^2 + \sigma_2^2$$

$$\mu_{12}^3 = E\{\eta_1 + \eta_2\}^3 = E\eta_1^3 + 3E\eta_1^2 E\eta_2 + 3E\eta_1 E\eta_2^2 + E\eta_2^3 = 0$$

$$\mu_{12}^4 = E\{\eta_1 + \eta_2\}^4 = E\eta_1^4 + 4E\eta_1^3 E\eta_2 + 6E\eta_1^2 E\eta_2^2 + 4E\eta_1 E\eta_2^3 + E\eta_2^4$$

$$= \mu_1^{(4)} + 6\sigma_1^2 \sigma_2^2 + \mu_2^{(4)} = \mu_1^{(4)} - 3\sigma_1^4 + \mu_2^{(4)} - 3\sigma_2^4 + 3(\sigma_1^2 + \sigma_2^2)^2 \quad (3-19)$$

故 $n = 2$ 时定理成立。

（2）假定 $n = k$ 时定理成立，即

$$\mu_{1\sim k}^{(4)} = \sum_{i=1}^{k} (\mu_i^{(4)} - 3\sigma_i^4) + 3\left(\sum_{i=1}^{k} \sigma_i^2\right)^2$$

根据定义：

$$\mu_{1:k+1}^{(4)} = E\{(\eta_1 + \eta_2 + \cdots + \eta_k) + \eta_{k+1}\}^4$$

$$= E(\eta_1 + \eta_2 + \cdots + \eta_k)^4 + 4E(\eta_1 + \eta_2 + \cdots + \eta_k)^3 E\eta_{k+1} +$$

$$6E(\eta_1 + \eta_2 + \cdots + \eta_k)^2 E\eta_{k+1}^2 + 4E(\eta_1 + \eta_2 + \cdots + \eta_k)E\eta_{k+1}^3 + E\eta_{k+1}^4$$

化简可得

$$\mu_{1:k+1}^{(4)} = \mu_{1:k}^{(4)} - 3\left(\sum_{i=1}^{k} \sigma_i^2\right)^2 + \mu_{k+1}^{(4)} - 3\sigma_{k+1}^4 + 3\left(\sum_{i=1}^{k} \sigma_i^2 + \sigma_{k+1}^2\right)^2$$

将 $\mu_{1\sim k}^{(4)}$ 代入上式，可得

$$\mu_{1\sim k+1}^{(4)} = \sum_{i=1}^{k+1} (\mu_i^{(4)} - 3\sigma_i^4) + 3\left(\sum_{i=1}^{k+1} \sigma_i^2\right)^2$$

因此当 $n = k+1$ 时定理成立。综合上述（1）和（2）证明过程，故该定理成立。

另外式（3-18）可以改写为

$$\mu_{1\sim n}^{(4)} = 3\sigma^4 - \sum_{i=1}^{n} \gamma_i \sigma_i^4 \quad (3-20)$$

其中，合成方差 σ^2 及随机变量 η_i 的偏峰系数分别为

$$\sigma^2 = \sum_{i=1}^{n} \sigma_i^2 \quad (3-21)$$

$$\gamma_i = 3 - \frac{\mu_i^{(4)}}{\sigma_i^4} \quad (3-22)$$

从而合成分布的偏峰系数 γ 为

$$\gamma = 3 - \frac{\mu_{1\sim n}^{(4)}}{\sigma^4} = \sum_{i=1}^{n} \frac{\gamma_i \sigma_i^4}{\sigma^4} \quad (3-23)$$

因此由上述过程可以看出,合成分布的置信系数 k_a 可以依据表 3-1 及偏峰系数 γ 和显著水平 α 得以近似确定。根据 GUM 定义,合成分布的标准不确定度 u_c 与合成分布的标准偏差 σ 的关系为 $u_c = \sigma$;再根据式(1-4)扩展不确定度定义,可以求得合成分布的扩展不确定度 u_e 为

$$u_e = k_a u_c = k_a \sigma \tag{3-24}$$

应该指出,上述确定 n 个相互独立的随机变量的合成不确定度的方法可以获得较高精度,因而可以满足应用要求。这个结论可以利用正态分布、矩形分布、三角分布及 U 分布得以验证。

对于具体的传感器、信号调理器和 ADC,当确定了每一种不确定度来源的分布区间、不确定度标准差 σ_i 和偏峰系数 γ_i,并可以应用本节中的方法确定其合成分布的偏峰系数 γ;此时一旦指定了显著水平 α,则置信系数 k_a 可以由表 3-1 近似确定,从而可以确定合成分布的扩展不确定度。

3.2.4　实例:霍尔电流传感器的测量不确定度评定

用于电刷镀电流测量的霍尔电流传感器 LT-109S7/SP4XX 的主要技术参数如下:量程 0~±120 A,输出 0~20 mA。其主要技术规范见表 3-2。

表 3-2　电流传感器 LT-109S7/SP4XX 的测量不确定度

不确定度来源	技术规范		标准不确定度/mA
精度	0.60%		416
线性度	<0.2%		138
偏移	±0.10 mA(max)		0.06
温度漂移	±0.60 mA(max)		0.36
结果	$\left(\sum \sigma^2\right)^{\frac{1}{2}} = 438$	$\gamma = 1.42$	$k_\alpha = 1.52$
	合成不确定度		666 mA

因为刷镀电流一般小于 100 A,故取量程 0~120 A,假定该电流传感器的所有误差呈矩形分布,取置信系数 $k = \sqrt{3}$,则表 3-2 中的精度、线性度、偏移和温度漂移的标准不确定度可以依据式(3-5)确定;电流传感器合成分布的偏峰系数 γ 可以由式(3-23)确定;取显著水平 $\alpha = 0.0027$,则相应合成分布的置信

系数 k_a 可以依据表 3-1 由线性插值法确定,该电流传感器的合成测量不确定度见表 3-2。

对于具体型号的传感器、信号调理器、ADC,首先要确定其不确定度来源,并逐一确定每一种误差的分布规律,便可以基于 Gram-Chariler 级数展开的方法确定合成分布的偏峰系数;之后只要指定置信水平 α,便可以依据置信系数 k_a 和偏峰系数 γ 的关系确定置信系数 k_a,基于合成分布的方差 σ 确定合成分布的扩展测量不确定度。[2]

3.3　基于卷积的传感器、信号调理器和 ADC 的静态测量不确定度评定方法

对于传感器、信号调理器和 ADC,它们各自的不确定度来源有多种,当这些来源是随机且相互独立时,也可以用卷积的方法研究其合成测量不确定度。

3.3.1　卷积算法数学模型

对于传感器、信号调理器、ADC,它们各自的不确定度来源有多种,当这些来源是随机且相互独立时,也可以用卷积的方法研究其合成测量不确定度。

当随机变量 X 和 Y 相互独立时,$f_X(x)$ 和 $f_Y(y)$ 为 X、Y 的边缘概率密度函数,则 $Z = X + Y$ 的概率密度函数 $f_Z(z)$ 为

$$f_Z(z) = f_X * f_Y = \int_{-\infty}^{+\infty} f_X(z-y) f_Y(y) \mathrm{d}y = \int_{-\infty}^{+\infty} f_X(x) f_Y(z-x) \mathrm{d}x$$

$$(3-25)$$

若传感器(信号调理器)的不确定度分量 X_1,X_2,X_3,X_4,…相互独立,对于测量结果 Y,若

$$Y = X_1 + X_2 + X_3 + \cdots \qquad (3-26)$$

则被测量 Y 的概率密度函数可以通过卷积原理得到,即

$$f(Y) = f(X_1) \cdot f(X_2) \cdot f(X_3) \cdot f(X_4) \cdot \cdots \qquad (3-27)$$

求得被测量概率密度函数后,通过给定置信概率 p 确定其包含因子 k,继而求出其扩展不确定度。

3.3.2　离散卷积算法

当两个随机变量的概率密度函数已知时,理论上可以利用卷积的方法求

出其联合分布的概率密度函数。由于计算机只能处理离散信号,因此需要确定卷积的离散算法。离散卷积是在线性时不变系统中,将两个离散序列之间按照一定规则将有关序列值分别两两相乘再相加的一种特殊运算,也称线性卷积或直接卷积。

3.3.2.1 一般线性卷积

任意输入序列 $x(n)$ 在单位脉冲 $h(n)$ 响应状态下的零状态响应表示如下[7]:

$$y(n) = \sum_{m=-\infty}^{\infty} x(m) \cdot h(n-m) \qquad (3-28)$$

式(3-28)称为离散线性卷积,简写为 $y(n) = x(n) * h(n)$。

由线性卷积的定义和可交换律可将其一般算法总结如下:

(1) 通过变量代换将 $x(n)$ 和 $h(n)$ 转化为 $x(m)$ 和 $h(m)$。

(2) 对任意一个序列做翻转变换,如将 $x(m)$ 对称变换得到 $x(-m)$。

(3) 对翻转变换后的序列右移 n 位可计算出第 n 位卷积的输出值,如翻转的是 $x(m)$ 则得到 $x(n-m)$。

(4) 翻转移位后的序列与原序列对应相乘,得到的乘积序列进行数据相加,则获得线性卷积的第 n 位。

(5) 循环第(3)、(4)步则可以获得卷积的全部输出。

3.3.2.2 循环线性卷积

当输入序列过长时,直接用一般线性卷积的定义来计算时运算量太大,可以选用循环卷积。循环卷积是将时域卷积的运算转换到频域,再将结果进行逆变换,得到卷积结果。为使信号变换与反变换的计算方便简洁,可引入快速傅里叶变换算法。

1) 循环卷积

设 $x(n)$ 和 $h(n)$ 的序列长度分别是 M 和 N,它们在 L 点的循环卷积的关系式为[8]

$$y(n) = \left[\sum_{m=0}^{L-1} h(m)x(n-m)_L \right] R_L(n) \qquad (3-29)$$

式(3-29)中,$L \geqslant \max\{M, N\}$。循环卷积又称圆周卷积,为区分线性卷积,表达式为 $y_c(n) = x(n) \otimes h(n)$。

循环卷积计算流程如图 3-4 所示。

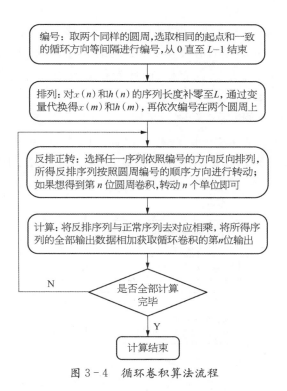

图 3-4　循环卷积算法流程

2）循环卷积快速算法

根据以上定理，将补零后的 $x(n)$ 和 $h(n)$ 分别进行离散傅里叶变换（DFT），得到 $X(k)$ 和 $H(k)$，将其变换结果相乘，可得

$$Y_c(k) = X(k) \cdot H(k) \qquad (3-30)$$

对 $Y_c(k)$ 进行 IDFT 运算，即得卷积结果 $y_c(n)$。由于直接用定义进行傅里叶变换逆变换较为复杂，可直接应用其快速算法，Matlab 中也可直接调用 fft 和 ifft 函数来实现快速傅里叶变换。使用循环卷积来计算线性卷积要满足一定条件，即循环卷积长度 $L \geqslant M+N-1$ 卷积序列长度取 2 的正整数次幂时能更好地进行快速傅里叶变换。

3.3.2.3　分段线性卷积

具体应用时，多个输入序列的长度如果长度相差大，使用循环卷积时，短序列必须补零直至与长序列长度相当，补零会导致计算过程存储量、计算量、输出延时都增大，尤其遇到输入序列无限长时，会变得更加复杂，失去了快速计算和实时处理的优势。此时，分段卷积便有明显优势。分段线性卷积的基本原理如下：将长序列划分成与短序列长度差不多的几个短序列，将划分的这些序列先后与短序列做卷积，然后将所有分段卷积得到的结果再经组合得到最终卷积结果。

本书综合采用了一般线性卷积、循环卷积和分段线性卷积算法确定合成分布的概率密度函数。

3.3.2.4　基于卷积原理的测量不确定度评定分析流程[9]

基于卷积原理的测量不确定度评定流程如图 3-5 所示，卷积得到的合成结果需要进一步计算以获得扩展不确定度，此时置信系数的确定由给定显著水平决定，一般取 $\alpha = 0.05$ 或 $\alpha = 0.0027$。

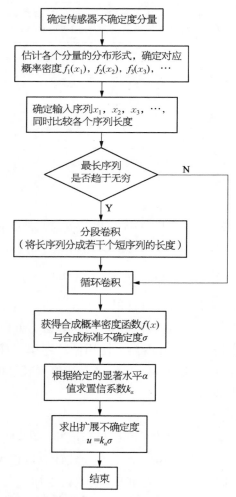

图 3-5　基于卷积的不确定度评定方法流程

1）置信系数 k_a 的确定

假定随机变量 x 的置信限为 e，如果指定置信水平 $P(|x|<e)=1-\alpha(\alpha$ 称为显著水平），则按照定义，置信系数 $k_a=\dfrac{e}{\sigma}$。依据式（3-17），根据卷积结果中得到的合成分布函数 $f(x)$、合成分布区间 e 和给定的显著水平 α，可以求出置信系数 k_a。

2）卷积合成分布的实现

利用离散卷积原理可以实现任意多个分布函数的合成，其流程如图 3-6 所示。该方法应用的前提是不确定度分量相互独立或者弱相关。

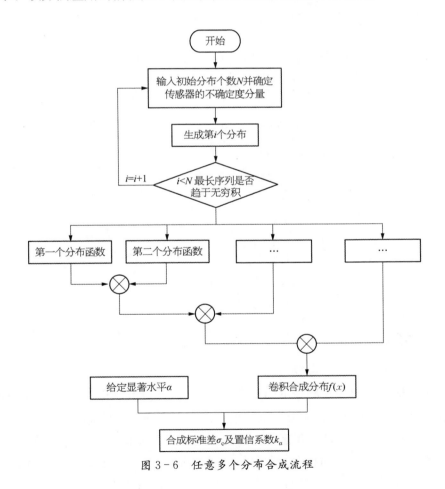

图 3-6　任意多个分布合成流程

3.3.3　基于离散卷积算法的测量不确定度评定程序

3.3.3.1　测量不确定度分量的分布估计及概率密度函数

根据本书第 1.6 节中 GUM 的测量不确定度 A 类或 B 类评定方法,可以计算各个不确定度分量的值,但在利用卷积原理求合成分布概率密度时,需要知道上述各分量的分布形式,之后才能根据其概率密度函数和特征参数进一步利用卷积原理实现各个分量的合成。常见分布的概率密度函数如下:

(1) 正态分布为

$$f(x) = \frac{1}{\sqrt{2\pi}\sigma} \exp\left(-\frac{(x-\mu)^2}{2\sigma^2}\right), \; -\infty < x < +\infty \tag{3-31}$$

式(3-31)服从期望为 μ、标准差为 σ 的正态分布。

(2) 均匀分布为

$$f(x) = \begin{cases} \dfrac{1}{b-a}, & a \leqslant x \leqslant b \\ 0, & \text{其他} \end{cases} \tag{3-32}$$

均匀分布均值为 $\dfrac{a+b}{2}$,方差为 $\dfrac{(b-a)^2}{12}$。

(3) 三角分布为

$$f(x) = \begin{cases} \dfrac{2(x-a)}{(b-a)(c-a)}, & a \leqslant x \leqslant c \\ \dfrac{2(b-x)}{(b-a)(b-c)}, & c \leqslant x \leqslant b \end{cases} \tag{3-33}$$

三角分布均值为 $\dfrac{a+b+c}{3}$,方差为 $\dfrac{a^2+b^2+c^2-ab-ac-bc}{18}$。

3.3.3.2　常见分布的合成

为验证卷积原理在测量不确定度中评定的可行性,利用图 3-5 所示的原理在 Matlab 中实现了常见分布规律的合成。对于两个常见概率分布规律的合成,已有的结论如下:两个正态分布的合成仍是正态分布;两个均匀分布(等宽)的合成是一个三角分布;两个三角分布(等宽)的合成是一个近似的正态分布。

例如,求两个正态分布的合成 $Z = X + Y$,设 $X: N(\mu_1, \sigma_1^2)$,$Y: N(\mu_2, \sigma_2^2)$,则根据式(3-25),可得

$$p_z(z) = \frac{1}{2\pi\sigma_1\sigma_2} \int_{-\infty}^{+\infty} \exp\left\{-\frac{1}{2}\left[\frac{(z-y-\mu_1)^2}{\sigma_1^2} + \frac{(y-\mu_2)^2}{\sigma_2^2}\right]\right\} \mathrm{d}y \tag{3-34}$$

对指数部分按 y 的幂次展开,合并同类项后得到

$$p_z(z) = \frac{1}{2\pi\sigma_1\sigma_2} \exp\left[-\frac{1}{2}\frac{(z-\mu_1-\mu_2)^2}{\sigma_1^2+\sigma_2^2}\right] \cdot \int_{-\infty}^{+\infty} \exp\left[-\frac{A}{2}\left(y-\frac{A}{B}\right)^2\right] \mathrm{d}y \tag{3-35}$$

其中, $A = \dfrac{1}{\sigma_1^2} + \dfrac{1}{\sigma_2^2}$, $B = \dfrac{1-u_1}{\sigma_1^2} + \dfrac{\mu_2}{\sigma_2^2}$。利用正态密度函数的正则性,式(3-35)中的积分应为 $\dfrac{\sqrt{2\pi}}{\sqrt{A}}$。

式(3-35)可以简化为

$$p(z) = \frac{1}{\sqrt{2\pi(\sigma_1^2+\sigma_2^2)}} \exp\left[-\frac{1}{2}\frac{(z-\mu_1-\mu_2)^2}{\sigma_1^2+\sigma_2^2}\right] \tag{3-36}$$

式(3-36)表明,两个正态分布的合成结果是均值为 $\mu_1+\mu_2$、方差为 $\sigma_1^2+\sigma_2^2$ 的正态分布。在此理论基础上,Matlab 中对标准差为 3 和 4 的两个正态分布进行卷积运算,卷积合成标准差为 5,合成分布如图 3-7 所示;图

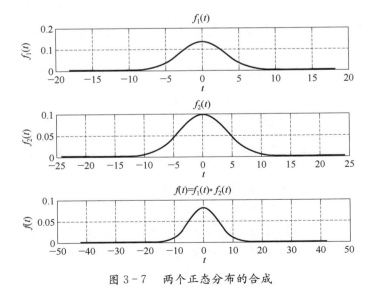

图 3-7　两个正态分布的合成

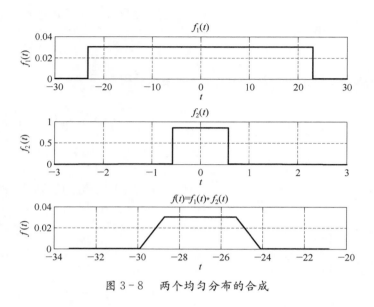

图 3-8　两个均匀分布的合成

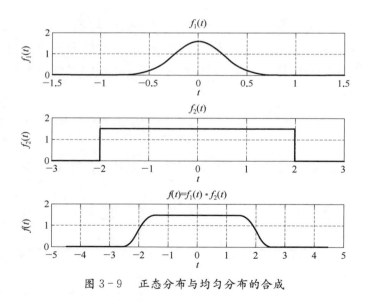

图 3-9　正态分布与均匀分布的合成

3-8为两个不等宽均匀分布的卷积合成结果显示为梯形分布;图3-9是正态分布与均匀分布的合成图,合成结果显而易见,但很难用已知分布来定义。

3.3.3.3 合成分布的置信系数 k_a 的确定

根据上述卷积结果中得到的合成分布的函数 $f(x)$，合成分布的区间 e 和给定的显著水平 α，如果指定置信水平 $P(|x|<e)=1-\alpha(\alpha$ 称为显著水平)，则按照定义，置信系数 $k_a = \dfrac{e}{\sigma}$，则可以利用式(3-17)，用数值解法求出置信系数 k_a。

3.3.3.4 基于 GUI 的卷积合成分布的实现

Matlab 中的图形用户界面(GUI)模块可以通过便于人机交互的图形界面提供更方便高效的集成环境。利用离散卷积原理实现任意多个分布函数的合成，可确保多个分布合成的快速准确性。GUI 显示界面如图 3-10 所示，相应的流程图如图 3-5 所示。

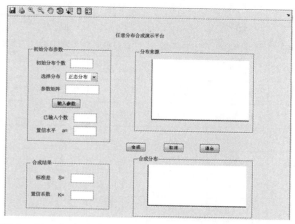

图 3-10 任意多个输入序列实现卷积合成的 GUI 界面

3.3.4 实例：一种称重传感器的测量不确定度评定

为了验证基于卷积原理的测量不确定度评定方法的有效性，选择常用的称重传感器作为对象，并将评定结果与 GUM 评定的结果进行对比。

1) 实验器材

(1) 传感器。MIK-LCSI-5kg-B3-Y1-C1-P1-D1 的 S 形称重传感器具体参数如图 3-11 所示。

(2) 数字示波器。UTD2025JF 的数字示波器输出信号精度为 0.005%。

(3) 砝码。选取 F1 等级砝码，见表 3-3。

技术参数

【量程范围】0～500 kg 内任意量程

【推荐激励电压】10～15 V

【对应输出】2 mV/V

【传感精度】0.3%、0.1%、0.05%

【变送精度】0.3%、0.1%

【输出电阻】(350±5)Ω

【安全过载】≤150%F·S

【工作温度范围】-20～80℃

【非线性参数】≤±0.03%F·S

【滞后】≤±0.03%F·S

【蠕变参数】≤±0.03%F·S/30 min

【灵敏度温度系数】≤±0.03%F·S/10℃

【重复性】≤±0.03%F·S

【绝缘电阻】≥5 000 MΩ(50 VDC)

【零点温度系数】≤±1%F·S

图 3-11 称重传感器的基本参数

表 3-3 OIML 砝码规范等级

等级		E1/ (±mg)	E2/ (±mg)	F1/ (±mg)	F2/ (±mg)	M1/ (±mg)	M2/ (±mg)	M3/ (±mg)
质量	1 g	0.010	0.030	0.10	0.3	1.0	3	10
	2 g	0.012	0.040	0.12	0.4	1.2	4	12
	5 g	0.015	0.050	0.15	0.5	1.5	5	15
	10 g	0.020	0.060	0.20	0.6	2.0	6	20
	20 g	0.025	0.080	0.25	0.8	2.5	8	25
	50 g	0.030	0.10	0.30	1.0	3.0	10	30
	100 g	0.05	0.15	0.5	1.5	5	15	50
	200 g	0.10	0.30	1.0	3.0	10	30	100
	500 g	0.25	0.75	2.5	7.5	25	75	250
	1 kg	0.50	1.5	5	15	50	150	500
	2 kg	1.0	3.0	10	30	100	300	1 000
	5 kg	2.5	7.5	25	75	250	750	2 500
	10 kg	5	15	50	150	500	1 500	5 000
	20 kg	10	30	100	300	1 000	300	10 000
	50 kg	25	75	250	750	2 500	7 500	25 000

(4) 电源。选用 24 V 直流稳压电源,精度为 0.01%。

2）实验平台构建

构建实验平台如图 3 - 12 所示，测试温度 25 ℃。

3）测试方法

将 S 形称重传感器固定在实验台上，直接拾取砝码放于传感器正上方作为负载，待数据稳定时读取示波器上对应输入的各个输出值，分别进行三次正反行程的测量。

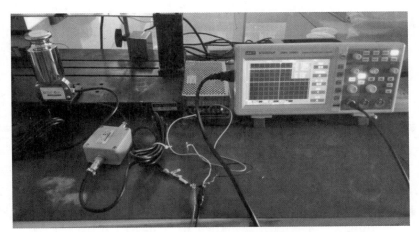

图 3 - 12　称重传感器实验检测平台

4）测量数据及处理

实验测量数据见表 3 - 4。这里主要分析非线性误差、迟滞及重复性误差引起的不确定度。

表 3 - 4　称重传感器正反行程测量数据

输入/kg		0	0.5	1	1.5	2	2.5	3
输出/V	正行程 1	3.12	3.31	3.52	3.72	3.91	4.11	4.30
	反行程 1	3.09	3.29	3.50	3.69	3.90	4.10	4.30
	正行程 2	3.11	3.32	3.51	3.72	3.92	4.11	4.31
	反行程 2	3.10	3.30	3.50	3.69	3.91	4.11	4.31
	正行程 3	3.10	3.31	3.51	3.71	3.91	4.10	4.29
	反行程 3	3.08	3.29	3.48	3.68	3.90	4.10	4.29

根据实验数据计算传感器静态参数引起的误差值。确定非线性度的主要问题是拟合直线的确定,本书采用端基线性度拟合直线的方法求出其理论直线,进而确定其非线性度、迟滞及重复性的值。

通过标定获得两个端点$(x_1, \bar{y}_1)$和$(x_n, \bar{y}_n)$的连线,则该直线方程为$y = \bar{y}_1 + \dfrac{\bar{y}_n - \bar{y}_1}{x_n - x_1}(x - x_1)$,代入相关数据,得到端基直线:

$$y = 3.10 + 0.4x \tag{3-37}$$

根据表3-4的测量数据可求得其正反行程平均值,由拟合直线得到其理论值,再根据线性度、迟滞和重复性的定义求得相应的误差值,统计结果见表3-5。

表 3-5　实验数据处理

	输入/kg	0	0.5	1	1.5	2	2.5	3
处理数据	正行程平均值	0.000	0.403	0.403	0.607	0.803	0.997	1.190
	反行程平均值	0.000	0.203	0.393	0.597	0.813	1.093	1.200
	总平均值	0.000	0.203	0.398	0.602	0.808	1.005	1.200
	理论值	0.000	0.200	0.400	0.600	0.800	1.000	1.200
	线性偏差值	0.000	0.003	0.002	0.002	0.008	0.005	0.000
	迟滞值	0.030	0.02	0.030	0.030	0.010	0.020	0.030
	重复性误差值	0.020	0.01	0.020	0.010	0.010	0.010	0.020

根据表3-5中的数据,分别计算称重传感器线性度、迟滞及重复性误差带来的测量不确定度分量,计算时应取各个误差值的最大值。

(1)非线性引入的不确定度分量。

$$\delta_{nlr} = \frac{\Delta_{max}}{y_{FS}} \times 100\% = \frac{0.008}{1.2} \times 100\% = 0.67\% = 0.0067$$

与不确定度δ_{nlr}对应的电压值

$$\delta_{nl} = \delta_{nlr} = 0.0067$$

式中　Δ_{max}——测量点上的最大线性偏差值;

　　　y_{FS}——满量程输出值。

非线性带来的误差一般散落在拟合直线附近,通常被认为服从均匀分布。

(2) 迟滞引入的不确定度分量。

$$\delta_{\mathrm{h}} = \frac{\Delta_{\mathrm{hmax}}}{y_{\mathrm{FS}}} \times 100\% = \frac{0.03}{1.2} \times 100\% = 2.5\% = 0.025$$

式中　Δ_{hmax}——测量点上的最大迟滞;

　　　y_{FS}——满量程输出值,服从均匀分布规律。

(3) 重复性引入的不确定度分量。

$$\delta_{\mathrm{r}} = \frac{\Delta_{\mathrm{rmax}}}{y_{\mathrm{FS}}} \times 100\% = \frac{0.02}{1.2} \times 100\% = 1.67\% = 0.0167$$

式中　Δ_{rmax}——正反行程的最大偏差;

　　　y_{FS}——满量程输出值,服从均匀分布规律。

5) 合成标准不确定度的卷积评定结果

假设以上各个不确定度分量相互独立,根据式(3-26)可得传感器不确定度数学模型建立为

$$Y = X_1 + X_2 + X_3$$

式中　X_1——非线性误差引入的不确定度,服从[−0.0067, 0.0067]区间的均匀分布;

　　　X_2——迟滞引起的不确定度,服从[−0.025, 0.025]区间的均匀分布;

　　　X_3——重复性引入的不确定度,服从区间[−0.0167, 0.0167]上的均匀分布。

由卷积获得的合成不确定度分布如图3-13所示。

称重传感器的测量不确定度 u_{c} 由其分量 δ_{l}、δ_{h} 和 δ_{r} 综合而来。应用卷积原理将其合成,经计算得置信概率为95%时,区间半宽为0.056,$k=2$,合成分布是正态分布,其扩展不确定度为

$$u = k u_{\mathrm{c}} = 2 \times \frac{0.056}{3} = 0.0373$$

6) GUM方法的评定结果

应用GUM方法,传感器合成测量不确定度为

$$u_{\mathrm{c}} = \sqrt{u_{\mathrm{l}}^2 + u_{\mathrm{h}}^2 + u_{\mathrm{r}}^2} = \sqrt{0.0067^2 + 0.025^2 + 0.0167^2} = 0.0308$$

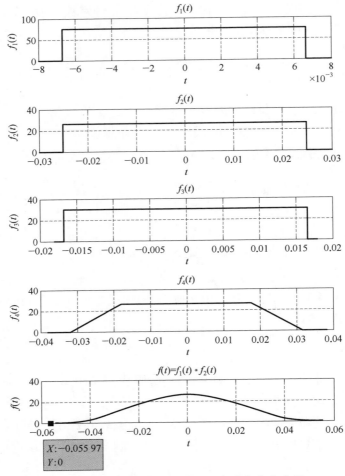

图 3-13　称重传感器测量不确定度合成分布图

当置信概率为 95%（$k=2$）的扩展不确定度为

$$u=ku_c=2\times0.030\,8=0.061\,6$$

7）卷积评定方法与 GUM 方法对比

由上述计算结果可知，卷积方法计算值小于 GUM 方法，具有更好的精确度，且能直接得到合成分布图与合成结果；GUM 方法只能根据影响较大的分量来估计合成分布的情况，进而确定合成结果，这会影响结果的可信度。

在利用卷积方法评定传感器、信号调理器和 ADC 的测量不确定度时，需要知道每一种不确定度来源的概率密度函数。如果某一种不确定度来源的分布规律未知,则可以根据其特点,假定一种概率分布,之后可以利用卷积的方法确定合成分布的概率分布函数;在指定置信水平 $1-\alpha$ 后,可以利用数值计算方法基于合成分布的概率分布函数确定置信系数 k_α,并最终由此确定合成分布的扩展不确定度。

3.4　软件算法的测量不确定度评定方法

3.4.1　算法不确定度的基本分析方法

由本书第 3.1.4 节可知,算法的不确定度由舍入和算法截断引起。舍入是由于计算机微处理器的字长有限引起的,它可能发生于浮点数的加法和乘法运算,也可能发生在定点数的乘法运算。截断引起的不确定度是由于用有限次的运算近似代替原算法中的无限次运算所致。一般算法的不确定度评定流程如图 3-14 所示。

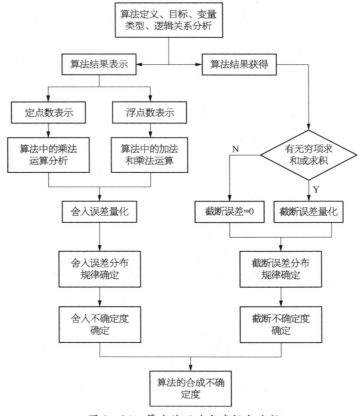

图 3-14　算法的不确定度评定流程

3.4.2 典型算法：傅里叶变换的不确定度评定方法

虚拟仪器算法中使用较为广泛的是快速傅里叶算法，由于傅里叶变换种类较多，要研究该算法的不确定度评定问题，需要解决以下两个方面的难题[9]：

(1) 快速傅里叶算法的不确定度的通用评定方法。传统快速傅里叶算法是一种递归分解算法，主要包括基 2-FFT、基 3-FFT、基 4-FFT 和分裂基算法等。这些算法中的每一种算法的表达形式均有所不同，所以数据在不同算法中的处理也会有较大区别，这导致了不同算法之间存在不同的不确定度传递方式。若对于不同快速傅里叶算法采用不同的不确定度评定方法，则整个评定过程会变得较为烦琐。

尽管建立快速傅里叶常用算法的通用不确定度评定方法是一个难题，但却是必要的。快速傅里叶算法的级数表达式差异较大，可通过将级数表达式转换为矩阵表达式的形式，再对矩阵进行相应的处理可以得出算法较为通用的传递形式。

(2) 减小由输入信号的不确定性给不确定度评定带来的影响。实际的被测信号存在多种可能性，对于有限长信号、无限长周期信号及无限长非周期信号的处理过程存在一定差异，不同信号需要经过不同处理，再进行快速傅里叶变换。这一过程中引入不同的不确定度需要单独分析，并且合成每一阶段的不确定度。由于有限长信号是无限长的特殊情况，无限长非周期信号可以截断延拓成周期信号，本书主要就无限长周期信号的不确定度进行评定。

本书将无限长周期信号的不确定度评定分为四个部分：采样部分、周期计算部分、截断部分、FFT 算法运算部分。其中采样部分引起频谱泄漏不确定度，截断部分引起截断不确定度，FFT 算法运算部分引起舍入不确定度，将周期计算部分视为理想情况不考虑其引起的不确定度，最后合成整个过程的不确定度，得到无限长周期信号在 FFT 算法运算过程中的不确定度。

针对上述两个难题，为获得快速傅里叶算法的不确定度评定方法，本书对快速傅里叶算法测量不确定度进行了深入研究，通过对 FFT 算法分析，建立不确定度在每一级传递的模型，再利用测量不确定度的相关理论对其进行合理有效的评定。具体而言，本书将研究傅里叶变换的舍入不确定度通用评定算法、频谱泄漏不确定度评定及截断不确定度评定方法,以及无限长周期信号的不确定度评定方法。以上述三个问题的研究为基础,提出傅里叶变换不确定度评定的方法。具体而言,将进行以下四个方面的内容研究:

(1)建立舍入不确定度在快速傅里叶算法中的通用传递模型。本书对快速傅里叶算法进行了研究分析,并且将其表达式分解为稀疏矩阵的形式,归纳了每一级的加法和乘法次数。基于计算机对于数据的处理往往采用数值修约规则,在得出数值修约规则不确定度评定后,结合快速傅里叶算法每一级的形式,在此基础上总结不确定度在每一级的传递,建立通用的舍入不确定度传递模型;得出舍入不确定度对快速傅里叶算法的影响值,并通过实例给出其影响是否可以忽略的依据。该舍入不确定度传递模型及评定方法可以应用于不同的快速傅里叶算法之间。

(2)建立频谱泄漏不确定度评定及截断不确定度评定方法。连续信号离散化进行快速傅里叶变换过程中引入两种不确定度:频谱泄漏不确定度和截断不确定度。离散化采样引起频谱泄漏不确定度,加窗截断引起截断不确定度。在对时域信号进行采样时,由于采样周期的选取不当会带来频谱泄漏不确定度。如果采样是同步的,即采样周期个数为一个整数,那么泄漏频谱在整数次谐波点上的幅值为零,不会造成分析误差;当采样是非同步时,即采样周期个数为小数时需要评定泄漏频谱造成的不确定度。将输入信号假设为正弦信号,按照采样周期为整数及非整数的情况,建立了频谱泄漏不确定度评定方法。本书分析了周期信号进行加窗截断时产生栅栏效应的原因,确定频率幅值误差,估算得到最大误差和误差分布。以三角窗函数为例,计算出三角函数栅栏效应最大误差,根据 GUM 规定,得出最大误差区间,以此得出加窗及栅栏效应的不确定度。由于待处理的信号均可以分解成正弦信号之和,可以应用本书提出的 FFT 算法中的频谱泄漏不确定度评定方法评定其泄漏不确定度。这种方法具有一定的通用性。此外,根据具体的窗函数傅里叶变换后的形式,结合本书提出的 FFT 算法加窗和栅栏效应不确定度评定,可以确定由不同窗函数引起的不确定度。

(3)无限长周期信号的不确定度评定方法。为验证上述模型的有效性,以无限长周期信号的处理过程为例,利用快速傅里叶算法舍入不确定度评定模型、信号频谱泄漏不确定度模型、信号截断不确定度模型,分析时域连续周期信号在可以进行快速傅里叶变换过程中引起的不确定度,本书提出的模型可以将三者作为相互独立的不确定度影响因子考虑。

（4）快速傅里叶变换的合成不确定度评定方法。建立一个完整的时域连续周期信号快速傅里叶变换不确定度分析模型，并提出舍入不确定度、截断不确定度和频谱泄漏不确定度的合成方法；按照模型的评定结果给出快速傅里叶算法不确定度在一定条件下不能忽略的依据，由此为虚拟仪器算法的不确定度只能在一定条件下才可以忽略不计给出了依据。

3.4.2.1　快速傅里叶算法的舍入不确定度评定

快速傅里叶算法的舍入不确定度涉及数值修约规则。数值修约规则涉及修约间隔和修约位数表达方式。修约间隔是指确定修约保留位数的一种方式。修约间隔的数值一经确定，修约值即应为该数值的整数倍；有效位数是指对没有小数位且以若干个零结尾的数值，从非零数字最左位向右数得到的位数减去无效零（即仅为定位用的零）的个数；对其他十进位数，从非零数字最左位向右数而得到的位数，就是有效位数。0.5 单位修约（半个单位修约）指修约间隔为指定数位的 0.5 单位，即修约到指定数位的 0.5 单位。

确定修约位数的表达方式包括如下几种。

1）指定数位

（1）指定修约间隔为 10^{-n}（n 为正整数），或指明将数值修约到 n 位小数。

（2）指定修约间隔为 1，或指明将数值修约到个数位。

（3）指定修约间隔为 10^n，或指明将数值修约到 10^n 数位（n 为正整数），或指明将数值修约到"十""百""千"等数位。

2）指定将数值修约成 n 位有效位数

计算机运行时，一般的实数总会按舍入原则表示为浮点数，所以计算机浮点数为该实数的近似值[10]。工程中多采用"四舍五入偶数法"对数值进行修约，设初始值 P 修约到小数点后第 i 位，修约间距为 $q \times 10^{-i}（i > 0）$。设 P_i 为保留 i 位有效数字的实数，则 P_i 的绝对舍入不确定度满足 $\varepsilon_P \leqslant 5 \times 10^{-i}$ 的值[11]。

根据有关信息或经验，判断被测量的可能值区间是 $[x-a, x+a]$，依据式（1-4）可得基于不确定度 B 类评定方法的标准不确定度：

$$u(x) = u_B(x) = \frac{a}{k} \tag{3-38}$$

式中　a——被测量可能值区间的半宽度；

　　　k——置信因子或包含因子。

由数值修约、测量仪器最大允许误差或分辨力、参考数据的误差限等导致的不确定度,通常假设为均匀分布。设待评定对象的分辨力为 δ_x,则区间半宽度 $a = \dfrac{\delta_x}{2}$,其不确定度满足均匀分布规律可得数值修约引起的舍入标准不确定度:

$$u(x) = \frac{a}{k} = \frac{\delta_x}{2\sqrt{3}} = 0.29\delta_x \tag{3-39}$$

根据计算机对数值处理过程中的数值修约规则,确定计算机产生舍入不确定度的原因;之后应用矩阵分解法将离散傅里叶变换进行分解,从而提出 FFT 变换的测量不确定度统一的评定方法。

3) FFT 算法

FFT 算法包括时域抽取法和频域抽取法,具体的实现是以 2 为基,也可以将算法拓展到其他基,如基 3、基 4 等及其他变种。

4) 典型 FFT 算法舍入不确定度评定原理[12]

由于大部分 FFT 算法是由基 2 - FFT、基 3 - FFT 和基 4 - FFT 组合运算,所以本书主要研究以上三种算法的舍入不确定度。在离散傅里叶变换用数学表达式表达中,各主频离散值 $X(k)$ 为

$$X(k) = \sum_{n=0}^{N-1} x(n) W_N^{nk} \tag{3-40}$$

其中, $W_N^{nk} = \mathrm{e}^{-\mathrm{j}\frac{2\pi}{N}kn}$。

式(3-40)是以求和形式表示的 DFT,它也可以用向量矩阵相乘的形式表达:

$$X(k) = [F]x(n) \tag{3-41}$$

其中, $[F]$ 为 $(N \times N)$ DFT 矩阵,如式(3-42)所示:

$$[F] = \begin{bmatrix} W_N^0 & W_N^0 & W_N^0 & \cdots & W_N^0 \\ W_N^0 & W_N^1 & W_N^2 & \cdots & W_N^{N-1} \\ W_N^0 & W_N^2 & W_N^4 & \cdots & W_N^{2(N-1)} \\ \vdots & \vdots & \vdots & & \vdots \\ W_N^0 & W_N^k & W_N^{2k} & \cdots & W_N^{k(N-1)} \\ \vdots & \vdots & \vdots & & \vdots \\ W_N^0 & W_N^{(N-1)} & W_N^{2(N-1)} & \cdots & W_N^{(N-1)(N-1)} \end{bmatrix} \tag{3-42}$$

其中，$k=0, 1, \cdots, N-1$。

根据 W_N^{rk} 的对称性和周期性可简化式(3-42)。例如评定 $N=8$ 基 2-DIT-FFT 的舍入不确定度时，将式(3-42)的矩阵以 (8×8)DFT 矩阵的列向量重组如下：

$$[F]=\begin{bmatrix} 1 & 1 & 1 & 1 & 1 & 1 & 1 & 1 \\ 1 & -1 & W^2 & -W^2 & W & -W & W^3 & -W^3 \\ 1 & 1 & -1 & -1 & W^2 & W^2 & -W^2 & -W^2 \\ 1 & -1 & -W^2 & W^2 & W^3 & -W^3 & W & -W \\ 1 & 1 & 1 & 1 & -1 & -1 & -1 & -1 \\ 1 & -1 & W^2 & -W^2 & -W & W & -W^3 & W^3 \\ 1 & 1 & -1 & -1 & -W^2 & -W^2 & W^2 & W^2 \\ 1 & -1 & -W^2 & W^2 & -W^3 & W^3 & -W & W \end{bmatrix}$$

$$(3-43)$$

式(3-43)矩阵的稀疏矩阵因子为

$$[F]=\left(\mathrm{diag}\left[\begin{pmatrix} 1 & 1 \\ 1 & -1 \end{pmatrix} \begin{pmatrix} 1 & 1 \\ 1 & -1 \end{pmatrix} \begin{pmatrix} 1 & 1 \\ 1 & -1 \end{pmatrix} \begin{pmatrix} 1 & 1 \\ 1 & -1 \end{pmatrix}\right]\right)\times$$

$$\left(\mathrm{diag}\left[[I_3] \quad W_8^{-2} \quad [I_3] \quad [I_2]\right]\right)\times$$

$$\left(\mathrm{diag}\left[\begin{pmatrix} [I_2] & [I_2] \\ [I_2] & -[I_2] \end{pmatrix} \begin{pmatrix} [I_2] & [I_2] \\ [I_2] & -[I_2] \end{pmatrix}\right]\right)\times$$

$$\left(\mathrm{diag}\left[[I_4] \quad W_8^0 \quad W_8^{-1} \quad W_8^{-2} \quad W_8^{-3}\right]\right)\begin{bmatrix} [I_4] & [I_4] \\ [I_4] & -[I_4] \end{bmatrix}$$

$$(3-44)$$

根据式(3-44)可以得出 $N=8$ 时 FFT 流程，如图 3-15 所示。

由图 3-15 可以看出，运算中每级（每列）计算都是由 $\dfrac{N}{2}$ 个蝶形运算构成，每一个蝶形结构完成下述基本迭代运算：

$$\left. \begin{aligned} X_m(k) &= X_{m-1}(k) + X_{m-1}(j)W_N^r \\ X_m(j) &= X_{m-1}(k) - X_{m-1}(j)W_N^r \end{aligned} \right\}$$

$$(3-45)$$

式中　m——第 m 列迭代；

　　　k、j——数据所在行数。

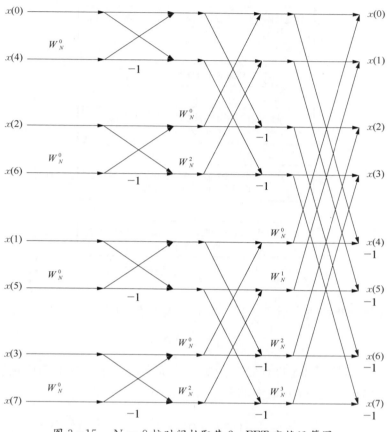

图 3-15 $N=8$ 按时间抽取基 2-FFT 变换运算图

根据式(3-45),对于 W_N^r,N 为常数;对于每一级而言,r 为常数;且其上一级运算得到的值为常数,即对于 $X_m(k)$、$X_{m-1}(k)$ 与 $X_{m-1}(j)$ 为常数。

FFT 算法不确定度评定流程如图 3-16 所示。

5)FFT 算法舍入不确定度评定

(1)基 2-FFT 算法舍入不确定度评定。

① 按时间抽取基 2-FFT 算法。根据数值修约规则,算法中的乘法运算与加法运算遵循同样的舍入原则,所以由式(3-39)可得快速傅里叶算法中加法运算产生的舍入不确定度:

$$e_{add} = 0.29\delta_x \qquad (3-46)$$

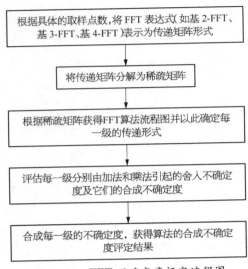

图 3-16　FFT 不确定度评定流程图

快速傅里叶算法中乘法运算产生的舍入不确定度为

$$e_{\mathrm{mul}} = 0.29\delta_x \tag{3-47}$$

将 $X_m(k)$ 的不确定度评定分为实部不确定度评定与虚部不确定度评定。对式(3-45)中的 $X_m(k)$ 取实部得

$$\mathrm{Re}\, X_m(k) = \mathrm{Re}\, X_{m-1}(k) + \mathrm{Re}\, X_{m-1}(k + 2^{m-1}) \times \mathrm{Re}\, W_N^r \tag{3-48}$$
$$- \mathrm{Im}\, X_{m-1}(k + 2^{m-1}) \times \mathrm{Im}\, W_N^r$$

由式(3-48)可知,对 $X_m(k)$ 取实部运算引入了两次加法运算和两次乘法运算。所以 $X_m(k)$ 实部不确定度为

$$e_{\mathrm{R}} = e_{\mathrm{add}} + e'_{\mathrm{add}} + e_{\mathrm{mul}} + e'_{\mathrm{mul}} = 4 \times 0.29\delta_x \tag{3-49}$$

由于实部运算与虚部运算为对称运算,所以虚部不确定度为

$$e_{\mathrm{I}} = 4 \times 0.29\delta_x \tag{3-50}$$

第一级的舍入不确定度为

$$e = e_{\mathrm{R}} + \mathrm{j} \times e_{\mathrm{I}} \tag{3-51}$$

第一级幅值的舍入不确定度和相位的舍入不确定度为

$$e_{\text{ampl}} = \sqrt{e_R^2 + e_I^2}$$
$$\left.\begin{array}{c} e_\theta = \arctan \dfrac{\operatorname{Re}(X_m(k)) + e_R}{\operatorname{Im}(X_m(k)) + e_I} - \arctan \dfrac{\operatorname{Re}(X_m(k))}{\operatorname{Im}(X_m(k))} \end{array}\right\} \tag{3-52}$$

对于第二级：

$$\left.\begin{array}{l} X_2(k) = X_1(k) + X_1(j)W_N^r \\ X_2(j) = X_1(k) - X_1(j)W_N^r \end{array}\right\} \tag{3-53}$$

$X_1(k)$ 与 $X_1(j)$ 对于 $X_2(k)$ 为常数，因而

$$u(X_2(k)) = u(X_1(k) + X_1(j)W_N^r) \tag{3-54}$$

$u(X_2(k)) =$ 第一级的不确定度 $+$ 第二级运算产生的不确定度 $= e + e = 2e$

同理，$u(X_3(k)) = e + e + e = 3e$：

$$u(X_m(k)) = e + e + \cdots + e = m \times e \tag{3-55}$$

根据上述过程可以推断出第 m 级幅值的舍入不确定度和相位不确定度分别为

$$e_{\text{amp}} = m \times \sqrt{e_R^2 + e_I^2}$$
$$\left.\begin{array}{c} e_\theta = \arctan \dfrac{\operatorname{Re}(X_m(k)) + m \times e_R}{\operatorname{Im}(X_m(k)) + m \times e_I} - \arctan \dfrac{\operatorname{Re}(X_m(k))}{\operatorname{Im}(X_m(k))} \end{array}\right\} \tag{3-56}$$

② 按频率抽取基 2 - FFT 算法。按频率抽取的 FFT 算法的原理与按时间抽取快速算法类似，它们的运算量相同。

③ 基 2 - FFT 补零算法。当采样点数不是 2 的整数倍时，需要对采样点数进行补零，以实现基 2 - FFT 算法。假设采样点数总共是 N 个，则补零的个数为 $2^{(\log_2 N)_{\text{向上取整}}} - N$。

基 2 - FFT 算法总共进行了 $(\log_2 N)_{\text{向上取整}}$ 个级数，其中真正运算的点为 N 个。对于取样点作为基 2 - FFT 的 $X_m(k)$ 而言，其实部舍入不确定度是 $e_R = 4 \times 0.29\delta_x$。对于两个补零点进行的基 2 - FFT 的 $X_m(k)$ 而言，其实部理论舍入不确定度是 $e_R = 4 \times 0.29\delta_x$；其实部实际舍入不确定度是 0。对于一个补零点一个取样点进行的基 2 - FFT 的 $X_m(k)$ 而言，其实部理论舍入不确定度是 $e_R = 2 \times 0.29\delta_x$。最后的合成不确定度可根据前面每一级中补零点与取样点的计算情况加以确定。

（2）基 4 - FFT 算法舍入不确定度评定。基 4 - FFT 算法如图 3 - 17 所示，它可以表示为

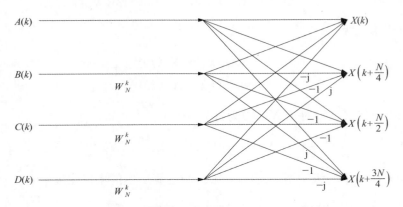

图 3 - 17 按时间抽取基 4 - FFT 变换运算图

$$X(k) = \sum_{m=0}^{\frac{N}{4}-1} x(4m)W_N^{4mk} + \sum_{m=0}^{\frac{N}{4}-1} x(4m+1)W_N^{4(m+1)k} + \sum_{m=0}^{\frac{N}{4}-1} x(4m+2)W_N^{4(m+2)k} +$$

$$\sum_{m=0}^{\frac{N}{4}-1} x(4m+3)W_N^{4(m+3)k} \tag{3-57}$$

令 $A(k) = \sum\limits_{m=0}^{\frac{N}{4}-1} x(4m)W_N^{4mk}$，$B(k) = \sum\limits_{m=0}^{\frac{N}{4}-1} x(4m+1)W_N^{4mk}$，$C(k) = \sum\limits_{m=0}^{\frac{N}{4}-1} x(4m+$

$2)W_N^{4mk}$，$D(k) = \sum\limits_{m=0}^{\frac{N}{4}-1} x(4m+3)W_N^{4mk}$，则

$$X(k) = A(k) + B(k)W_N^k + C(k)W_N^{2k} + D(k)W_N^{3k},$$
$$k = 0, 1, 2, \cdots, N-1 \tag{3-58}$$

$$X\left(k+\frac{N}{4}\right) = A(k) - jB(k)W_N^k - C(k)W_N^{2k} + jD(k)W_N^{3k},$$

$$k = 0, 1, 2, \cdots, \frac{N}{4} - 1 \tag{3-59}$$

$$X\left(k+\frac{N}{2}\right) = A(k) - B(k)W_N^k + C(k)W_N^{2k} - D(k)W_N^{3k},$$

$$k = 0, 1, 2, \cdots, \frac{N}{4} - 1 \tag{3-60}$$

$$X\left(k+\frac{3N}{4}\right)=A(k)+\mathrm{j}B(k)W_N^k-C(k)W_N^{2k}-\mathrm{j}D(k)W_N^{3k},$$

$$k=0,1,2,\cdots,\frac{N}{4}-1 \qquad (3-61)$$

式(3-58)～式(3-61)用矩阵形式表示为

$$\begin{bmatrix} X(k) \\ X\left(k+\dfrac{N}{4}\right) \\ X\left(k+\dfrac{N}{2}\right) \\ X\left(k+\dfrac{3N}{4}\right) \end{bmatrix}=\begin{bmatrix} 1 & 1 & 1 & 1 \\ 1 & -\mathrm{j} & -1 & \mathrm{j} \\ 1 & -1 & 1 & -1 \\ 1 & \mathrm{j} & -1 & -\mathrm{j} \end{bmatrix}\begin{bmatrix} A(k) \\ B(k)W_N^k \\ C(k)W_N^{2k} \\ D(k)W_N^{3k} \end{bmatrix}, \; k=0,1,2,\cdots,\frac{N}{4}-1$$

$$(3-62)$$

将原始 N 点序列分解为 4 个 $\dfrac{N}{4}$ 点序列的迭代过程如图 3-18 所示,令第一级分解的四个函数分别为 $A(k)$、$B(k)$、$C(k)$ 和 $D(k)$,令 $L=\log_4 N$。

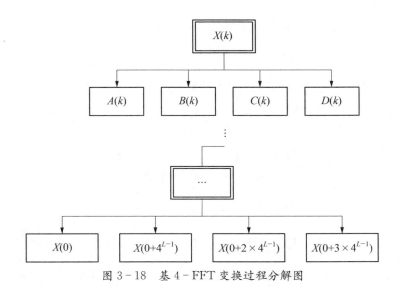

图 3-18　基 4-FFT 变换过程分解图

由图 3-18 可知,应用上述方法,基 4-FFT 算法每一级的运算过程原理相同。因为计算机处理减法运算采取补码的形式,所以图 3-17 中的乘以 -1 运算均可视为加法运算。由图 3-17 可得第一级实部及虚部舍入不确定度为

$e_{If}=e_{Rf}=3\times0.29\delta_x$,对于第一级的舍入不确定度为 $e_f=e_{Rf}+j\times e_{If}$,第 r 级的舍入不确定度为 $u(X_r(k))=r\times e_f$。对于第 L 级,考虑到 W_N^k 的因子,实部总共进行了 7 次加法运算、6 次乘法运算,所以

$$u(X_L(k))=(L-1)\times e_f+13\times0.29\delta_x+j13\times0.29\delta_x$$

(3) 基 3 - FFT 算法舍入不确定度评定。基 3 - FFT 算法可以表示为

$$X(k)=\sum_{m=0}^{\frac{N}{3}-1}x(3m)W_N^{3mk}+\sum_{m=0}^{\frac{N}{3}-1}x(3m+1)W_N^{3(m+1)k}+\sum_{m=0}^{\frac{N}{3}-1}x(3m+2)W_N^{3(m+2)k}$$

(3-63)

令 $A(k)=\sum_{m=0}^{\frac{N}{3}-1}x(3m)W_{\frac{N}{3}}^{mk}$,$B(k)=\sum_{m=0}^{\frac{N}{3}-1}x(3m+1)W_{\frac{N}{3}}^{mk}$,$C(k)=\sum_{m=0}^{\frac{N}{3}-1}x(3m+$

$2)W_{\frac{N}{3}}^{mk}$,则

$$X(k)=A(k)+B(k)W_N^k+C(k)W_N^{2k},\ k=0,1,\cdots,N-1 \quad(3-64)$$

$$X\left(k+\frac{N}{3}\right)=A(k)+e^{-j\frac{2\pi}{3}}B(k)W_N^k+e^{-j\frac{4\pi}{3}}C(k)W_N^{2k} \quad(3-65)$$

$$X\left(k+\frac{2N}{3}\right)=A(k)+e^{-j\frac{4\pi}{3}}B(k)W_N^k+e^{-j\frac{2\pi}{3}}C(k)W_N^{2k},\ k=0,1,\cdots,\frac{N}{3}-1$$

(3-66)

式(3-64)~式(3-66)可以用矩阵形式表示:

$$\begin{bmatrix}X(k)\\X\left(k+\dfrac{N}{3}\right)\\X\left(k+\dfrac{2N}{3}\right)\end{bmatrix}=\begin{bmatrix}1&1&1\\1&e^{-j\frac{2\pi}{3}}&e^{-j\frac{4\pi}{3}}\\1&e^{-j\frac{4\pi}{3}}&e^{-j\frac{2\pi}{3}}\end{bmatrix}\begin{bmatrix}A(k)\\B(k)W_N^k\\C(k)W_N^{2k}\end{bmatrix},\ k=0,1,\cdots,\frac{N}{3}-1$$

(3-67)

基 3 - FFT 算法与基 4 - FFT 算法舍入不确定度评定原理一致,但是由于 $X(k)$ 进行的运算次数少于 $X\left(k+\dfrac{N}{3}\right)$ 及 $X\left(k+\dfrac{2N}{3}\right)$,下面讨论的基 3 - FFT 舍入不确定度均以 $X\left(k+\dfrac{N}{3}\right)$ 及 $X\left(k+\dfrac{2N}{3}\right)$ 的评判标准为依据。

由式(3-67)可确定每一级中 $X_m\left(k+\dfrac{N}{3}\right)$ 实部及虚部分别进行了 5 次加

法运算、4 次乘法运算。即第一级实部及虚部舍入不确定度为 $e_{It} = e_{Rt} = 9 \times 0.29\delta_x$，对于第一级的舍入不确定度为 $e_t = e_{Rt} + je_{It} = 9 \times 0.29\delta_x$，第 r 级的舍入不确定度为 $u(X, (k)) = r \times e_t$。令 $S = \log_3 N$，对于第 S 级，考虑到 W_N^k 的因子，实部总共进行了 5 次加法运算，4 次乘法运算，所以 $u(X_S(k)) = (S-1) \times e_t + 9 \times 0.29\delta_x + j9 \times 0.29\delta_x$。

实例：计算机处理数据时保留有限位有效位，如同计算机对信号进行处理时需进行截断。下面对基 2-FFT 算法计算机保留不同的有效位时产生的舍入不确定度进行研究分析。

假设基 2-FFT 算法设定保留到小数点后 8 位，分辨力 $\delta_x = 5 \times 10^{-8}$；取 128 个点，$2^7 = 128$，所以 $m = 7$。由式（3-56）可以确定幅值和相位的不确定度分别为

$$e_{amp} = m \times \sqrt{e_R^2 + e_I^2} = 7 \times \sqrt{(4 \times 0.29 \times 5 \times 10^{-8})^2 + (4 \times 0.29 \times 5 \times 10^{-8})^2}$$
$$= 5.741\,7 \times 10^{-7}$$

$$e_\theta = \arctan\frac{\mathrm{Re}(X_m(k)) + m \times e_R}{\mathrm{Im}(X_m(k)) + m \times e_I} - \arctan\frac{\mathrm{Re}(X_m(k))}{\mathrm{Im}(X_m(k))}$$

$$= \arctan\frac{\mathrm{Re}(X_m(k)) + 7 \times (4 \times 0.29 \times 5 \times 10^{-8})}{\mathrm{Im}(X_m(k)) + 7 \times (4 \times 0.29 \times 5 \times 10^{-8})} - \arctan\frac{\mathrm{Re}(X_m(k))}{\mathrm{Im}(X_m(k))}$$

$$\approx \arctan\frac{\mathrm{Re}(X_m(k))}{\mathrm{Im}(X_m(k))} - \arctan\frac{\mathrm{Re}(X_m(k))}{\mathrm{Im}(X_m(k))} = 0$$

计算机保留 8 位、16 位、32 位和 64 位时基 2-FFT 不同取样点数的幅值和相位不确定度见表 3-6、表 3-7。

表 3-6　计算机保留不同位数对应基 2-FFT 不同
取样点数的幅值舍入不确定度

FFT 取样点数	计算机保留有限位			
	8	16	32	64
2^7	$5.741\,7 \times 10^{-7}$	$5.741\,7 \times 10^{-15}$	$5.741\,7 \times 10^{-31}$	$5.741\,7 \times 10^{-63}$
2^{70}	$5.741\,7 \times 10^{-6}$	$5.741\,7 \times 10^{-14}$	$5.741\,7 \times 10^{-30}$	$5.741\,7 \times 10^{-62}$
2^{150}	$1.230\,4 \times 10^{-5}$	$1.230\,4 \times 10^{-13}$	$1.230\,4 \times 10^{-29}$	$1.230\,4 \times 10^{-61}$
2^{300}	$2.460\,7 \times 10^{-5}$	$2.460\,7 \times 10^{-13}$	$2.460\,7 \times 10^{-29}$	$2.460\,7 \times 10^{-61}$
2^{700}	$5.741\,7 \times 10^{-5}$	$5.741\,7 \times 10^{-13}$	$5.741\,7 \times 10^{-29}$	$5.741\,7 \times 10^{-61}$

表 3-7　　计算机保留不同位数对应基 2-FFT 不同
取样点数的相位舍入不确定度

FFT 取样点数	计算机保留有效位	
	8	32
2^7	$\arctan\dfrac{\mathrm{Re}(X_m(k))+4.06\times10^{-7}}{\mathrm{Im}(X_m(k))+4.06\times10^{-7}}$ $-\arctan\dfrac{\mathrm{Re}(X_m(k))}{\mathrm{Im}(X_m(k))}$	$\arctan\dfrac{\mathrm{Re}(X_m(k))+4.06\times10^{-31}}{\mathrm{Im}(X_m(k))+4.06\times10^{-31}}$ $-\arctan\dfrac{\mathrm{Re}(X_m(k))}{\mathrm{Im}(X_m(k))}$
2^{150}	$\arctan\dfrac{\mathrm{Re}(X_m(k))+8.7\times10^{-6}}{\mathrm{Im}(X_m(k))+8.7\times10^{-6}}$ $-\arctan\dfrac{\mathrm{Re}(X_m(k))}{\mathrm{Im}(X_m(k))}$	$\arctan\dfrac{\mathrm{Re}(X_m(k))+8.7\times10^{-30}}{\mathrm{Im}(X_m(k))+8.7\times10^{-30}}$ $-\arctan\dfrac{\mathrm{Re}(X_m(k))}{\mathrm{Im}(X_m(k))}$
2^{700}	$\arctan\dfrac{\mathrm{Re}(X_m(k))+4.06\times10^{-5}}{\mathrm{Im}(X_m(k))+4.06\times10^{-5}}$ $-\arctan\dfrac{\mathrm{Re}(X_m(k))}{\mathrm{Im}(X_m(k))}$	$\arctan\dfrac{\mathrm{Re}(X_m(k))+4.06\times10^{-29}}{\mathrm{Im}(X_m(k))+4.06\times10^{-29}}$ $-\arctan\dfrac{\mathrm{Re}(X_m(k))}{\mathrm{Im}(X_m(k))}$

　　考虑到 $e_I=e_R=4\times0.29\delta_x$，$e_{If}=e_{Rf}=3\times0.29\delta_x$，$e_{It}=e_{Rt}=9\times0.29\delta_x$，可见基 3-FFT 算法每一级产生的舍入不确定度是基 2-FFT 算法每一级产生的舍入不确定度的 2.25 倍。假设级数相同，则对于如计算机保留 8 位、FFT 取样点数为 2^{700} 时，基 3-FFT 算法的舍入不确定度为 10^{-4} 的数量级，对于要求保留 3 位有效位而言依然是很小的一个值。对于计算机保留更高位数时 FFT 算法引起的舍入不确定度会更小。考虑同样点数的基 3-FFT 算法舍入不确定度评定时取了较大的不确定度影响值作为参考值，实际值应小于本书所给出的值。

　　图 3-19～图 3-21 分别为用 C 语言编写的基 2-FFT 算法(程序参见附录 1)，取 8 个点，计算机分别保留 8 位浮点数、8 位双精度数、16 位浮点数时变换后的情况。对比图 3-19 和图 3-20 可以看出，不确定度为 10^{-7} 数量级，与理论分析结果相一致。

3.4.2.2　快速傅里叶算法的截断不确定度评定

　　用 DFT 或 FFT 进行频谱分析时，被处理的信号都是经过采样、量化编码后形成的数字信号，假设时域至频域的变换建立在截取了整数个周期，但当对时域信号进行截断时，会产生截断不确定度，截断不确定度主要包括频谱泄漏

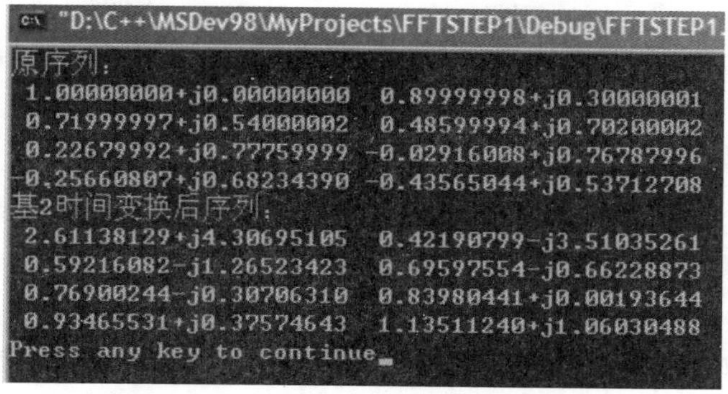

图 3-19　基 2-FFT 计算机保留 8 位浮点数

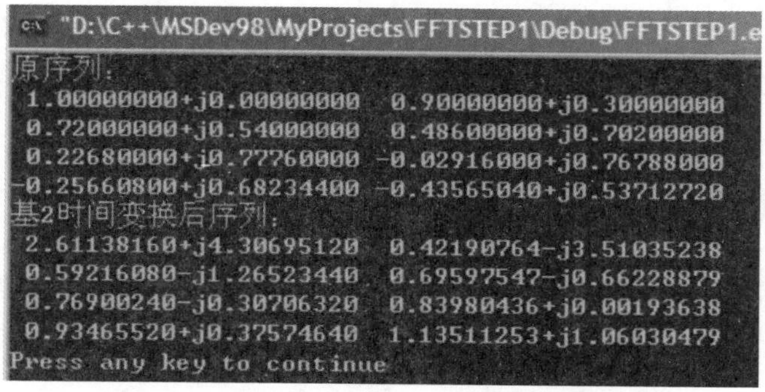

图 3-20　基 2-FFT 计算机保留 8 位双精度数

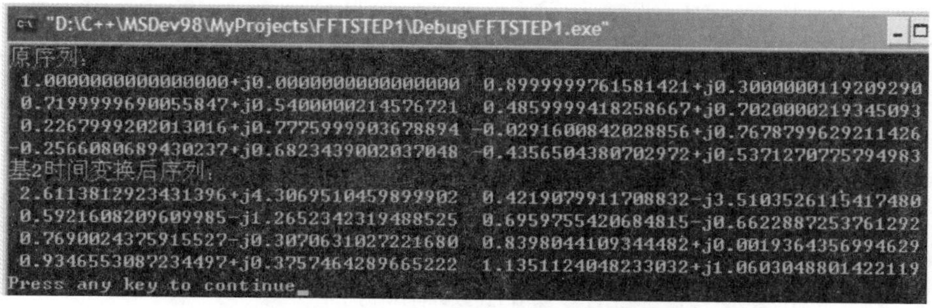

图 3-21　基 2-FFT 计算机保留 16 位浮点数

不确定度、加窗和栅栏效应不确定度。

　　需要评定泄漏频谱引起的不确定度。对于加窗和栅栏效应不确定度,如果 DFT 或 FFT 的周期信号频率不是频率间隔的整数倍,则频率抽样的倍数不是窗函数的峰值 1 而是小于 1 的值，这将引起栅栏效应。加窗和栅栏效应引起的不确定度需要根据所加的窗函数具体评定。

由于加窗和栅栏效应是相关的，所以本书将两者作为整体分析，确定其引起的不确定度。另外不同窗函数引起的栅栏效应不确定度是不相同的，所以本书以三角窗为例，提出了一种通用的窗函数引起的栅栏效应不确定度评定方法；最后将频谱泄漏不确定度与栅栏效应不确定度合成，得出截断不确定度。

1）频谱泄漏不确定度评定

在进行模拟/数字信号的转换过程中，当采样频率 $f_{s.max}$ 与信号中最高频率 f_{max} 满足 $f_{s.max} \geqslant 2f_{max}$ 时，采样后的数字信号完整地保留了原始信号中的信息。

计算机处理的数的位数是有限的，所以在计算机处理前需要先将数值离散化，离散化伴随着周期性。离散化信号的周期只有在整数个周期时，才不发生频谱泄漏。

假设采样 N 个点，采样间隔 $T_s = \dfrac{1}{F_s}$，则全部采样时间为 NT_s。假设有一个单频率正弦信号，信号的频率 f 可以表示为 $f = \dfrac{M}{NT_s}$，其中 M 是采样间隔 NT_s 周期的个数。当周期个数 M 是整数时，频谱没有泄漏。当周期个数 M 不是整数时，本书将其四舍五入为一个整数。假设初始数据是实数，则变换后为虚数。根据 Hermisian 对称定理，只需要分析考虑变换后的整数部分。

假设待分析的正弦信号如式（3-68）所示：

$$\bar{x}(t) = A\cos(2\pi ft + \varphi) \tag{3-68}$$

式（3-68）用欧拉公式可表示为

$$\bar{x}(t) = A\frac{e^{j(2\pi ft + \varphi)} + e^{-j(2\pi ft + \varphi)}}{2} \tag{3-69}$$

为了简化运算，只考虑信号中的正频率部分：

$$\bar{x}(t) = \frac{A}{2}e^{j(2\pi ft + \varphi)} \tag{3-70}$$

假设采样后，信号由 N 个统一采样点 $x_0, x_1, \cdots, x_{N-1}$ 组成，即

$$x_i = x(iT_s) \tag{3-71}$$

对式(3-70)进行 DFT 变换后可得

$$X_k = \sum_{i=0}^{N-1} x_i \mathrm{e}^{-\mathrm{j}2\pi\frac{ik}{N}} = \frac{A}{2}\sum_{i=0}^{N-1} \mathrm{e}^{\mathrm{j}(2\pi f i T_s + \varphi)} \mathrm{e}^{-\mathrm{j}2\pi\frac{ik}{N}} = \frac{A}{2}\mathrm{e}^{\mathrm{j}\varphi}\sum_{i=0}^{N-1} \mathrm{e}^{\mathrm{j}\frac{2\pi}{N}(G-k)i} \qquad (3-72)$$

式中　G——采样周期的个数，可将 G 表示为 $G = G_0 + G_1$，其中 G_0 是最接近 G 的整数，G_1 是 G 的小数部分。

X_k 可以表示为

$$X_k = \frac{A}{2}\mathrm{e}^{\mathrm{j}\varphi}\sum_{i=0}^{N-1} \mathrm{e}^{\mathrm{j}\frac{2\pi}{N}(G_0-k)i}\, \mathrm{e}^{\mathrm{j}\frac{2\pi}{N}G_1 i} \qquad (3-73)$$

当 G_1 为 0 时，则式(3-73)可以表示为

$$X_k = \frac{A}{2}\mathrm{e}^{\mathrm{j}\varphi}\sum_{i=0}^{N-1} \mathrm{e}^{\mathrm{j}\frac{2\pi}{N}(G_0-k)i} \qquad (3-74)$$

此时可以求得所有的 X_k 都为 0，除了当 $k = G_0$ 时 X_k 不为 0，可得

$$X_{G_0} = \frac{NA}{2}\mathrm{e}^{\mathrm{j}\varphi} \qquad (3-75)$$

当 G_1 不为 0 时，第二部分是一个非周期函数，将引起拖尾效应和频谱泄漏，将其表示为傅里叶变换的形式是 $M(G_1,\ i) = \mathrm{e}^{\mathrm{j}\frac{2\pi}{N}G_1 i}$，$M(-G_1,\ i) = \mathrm{e}^{-\mathrm{j}\frac{2\pi}{N}G_1 i}$。

频谱泄漏的影响为

$$M(G_1,\ i) = \mathrm{e}^{\mathrm{j}\frac{2\pi}{N}G_1 i},\ M(-G_1,\ i) = \mathrm{e}^{-\mathrm{j}\frac{2\pi}{N}G_1 i} \qquad (3-76)$$

将不确定度的区间半宽度设为

$$a = \left| \frac{\mathrm{e}^{\mathrm{j}\frac{2\pi}{N}G_1} - \mathrm{e}^{-\mathrm{j}\frac{2\pi}{N}G_1}}{2} \right| = \frac{2\sin\dfrac{2\pi}{N}G_1}{2} = \sin\left(\frac{2\pi}{N}G_1\right) \leqslant \frac{2\pi G_1}{N} \qquad (3-77)$$

根据 GUM，泄漏导致其落在区间中心的可能性最小，所以假设为反正弦分布，可以得到置信因子 $k = \sqrt{2}$，根据式(3-77)，可以求得 B 类评定的标准不确定度：

$$u(x) = \frac{a}{k} = \frac{2\pi G_1}{\sqrt{2}N} = \frac{\sqrt{2}\pi G_1}{N} \qquad (3-78)$$

由此得出连续信号离散化处理后产生的频谱泄漏不确定度：

$$u_1(x) = \frac{\sqrt{2}\,\pi G_1}{N} \qquad\qquad (3-79)$$

因为 G_1 是一个数的小数部分，所以 G_1 必然小于1，假使取 $G_1=1$，则式 (3-72) 可进一步简化，可以得到连续信号离散化处理后产生的频谱泄漏不确定度的最大值 $u_{1\max}(x) = \frac{\sqrt{2}\,\pi}{N}$。

根据傅里叶定理，其他更复杂信号均可以用正弦信号合成表示，所以可以根据上述方法评定其他信号的不确定度。

2) 窗函数及其作用

在进行数字信号处理时，一般需要对采样信号进行截断，这就等于将信号进行加窗函数处理。加窗后常会发生"频谱泄漏"。当进行离散傅里叶变换时，截断是必须的，因此泄漏效应也是离散傅里叶变换所固有的，必须进行抑制。

设 $x(n)$ 是一个长序列，$w(n)$ 是长度为 N 的窗函数，用 $w(n)$ 截断 $x(n)$，得到 N 点序列 $x_n(n)$，即 $x_n(n) = x(n)w(n)$。

常用的窗函数有矩形窗、三角窗、汉宁窗、哈明窗和布莱克曼窗。这些窗函数设计的滤波器指标见表 3-8。

表 3-8　常用窗函数性能比较

窗函数	过渡带宽度	阻带衰减
矩形窗	$\dfrac{1.8\pi}{N}$	21
三角窗	$\dfrac{6.1\pi}{N}$	25
汉宁窗	$\dfrac{6.2\pi}{N}$	44
哈明窗	$\dfrac{6.6\pi}{N}$	53
布莱克曼窗	$\dfrac{11\pi}{N}$	74

3) 加窗和栅栏效应不确定度评定

因为计算机的存储长度和处理的速度有限，所以在对 DFT 或 FFT 进行处理之前，必须将待处理信号加窗截断成有限长度：

$$\hat{x}_N(n) = x(n)w_n(n) \tag{3-80}$$

式中　$\hat{x}_N(n)$——加窗截断后的数据序列；

　　　$x(n)$——待处理数据序列；

　　　$w_n(n)$——窗函数；

　　　N——傅里叶变换长度。

根据卷积定理，将式（3-73）转换为频域表示的形式：

$$X_N(f) = X(f) * W_n(f) \tag{3-81}$$

对于 DFT 或 FFT，若周期信号频率不是频率间隔的整数倍，则频率抽样的倍数不是窗函数的峰值 1，而是小于 1 的值，即产生栅栏效应，需要具体评定其不确定度的影响。根据窗函数主瓣相对位置，可以确定频率幅值误差，通过估算最大误差、误差分布，得到加窗和栅栏效应不确定度。当 $x(n)$ 与窗函数频谱卷积后，主瓣峰值位于两个采样频率的 $\frac{1}{4}$ 处时产生的误差最大。对于不同的窗函数，引起的不确定度是不同的。根据各个窗函数的傅里叶变换函数表达式，可以得到窗函数和栅栏效应引入的最大误差，例如对于三角窗的离散傅里叶变换，其最大误差为

$$W_R(e^{jw}) = e^{-jw\left(\frac{N-1}{2}\right)} \frac{2}{N} \frac{\sin^2\left(w\frac{N}{4}\right)}{\sin^2\left(\frac{w}{2}\right)} \tag{3-82}$$

式中　$|W_R(e^{jw})|$——傅里叶变换在频率 w 处的幅值；

　　　N——傅里叶变换长度。

当 $x(n)$ 与窗函数频谱卷积后，主瓣峰值位于两个采样频率的 $\frac{1}{4}$ 处时产生的误差最大，可以得出三角窗和栅栏效应最大误差为

$$\varepsilon = 1 - |W_R(e^{j\frac{\pi}{N}})| = 1 - \frac{2}{N} \frac{\sin\left(\frac{N}{4}\frac{2\pi}{N}\right)}{\sin\left(\frac{\pi}{N}\right)} = 1 - \frac{2\sin\left(\frac{\pi}{2}\right)}{N\sin\left(\frac{\pi}{N}\right)} = 1 - \frac{2}{N} \frac{1}{\sin\left(\frac{\pi}{N}\right)}$$

$$\tag{3-83}$$

根据 GUM,加窗和栅栏效应导致其落在区间中心的可能性最小,所以假设为反正弦分布,可以得到置信因子 $k=\sqrt{2}$。由三角窗和栅栏效应的最大误差得到误差半宽度为 $\dfrac{\varepsilon}{2}$,进而估算加三角窗栅栏效应引起的不确定度为

$$u_2=\sqrt{\left(\frac{\varepsilon}{2\sqrt{2}}\right)^2}=\frac{\varepsilon}{2\sqrt{2}} \tag{3-84}$$

4)截断不确定度的合成

根据本书对截断不确定度影响因素的分析方法,$u_1(x)$ 和 $u_2(x)$ 这两个分量之间是不相关的。根据 GUM 中的不确定度传播定律,当输入量不相关时,输出量的不确定度可以表示为

$$u_c(y)=\sqrt{\sum_{i=1}^{N}u_i^2(y)}$$

DFT 或 FFT 的截断不确定度(三角窗的情况下)为

$$u(x)=\sqrt{u_1^2(x)+u_2^2(x)}=\sqrt{\frac{2\pi^2}{N^2}+\frac{1}{8}\left(1-\frac{2}{N\sin\left(\frac{\pi}{N}\right)}\right)^2}\leqslant\sqrt{\frac{2\pi^2}{N^2}+\frac{1}{8}\left(1-\frac{2}{\pi}\right)^2} \tag{3-85}$$

3.4.2.3　无限长周期信号快速傅里叶变换测量不确定度评定

1)离散傅里叶变换

在利用计算机对信号进行分析时,只能对离散的数据进行处理,因此在时域和频域都要进行采样以获得离散的数据。

设原信号为 $x(n)$ 在 $[0,N-1]$ 上有定义,其余值为 0。那么周期延拓后的信号 $\bar{x}(n)$ 为

$$\bar{x}(n)=\sum_{m=-\infty}^{\infty}x(n+mN) \tag{3-86}$$

为求 $x(n)$ 的离散傅里叶级数系数 $X(k)$,将式(3-86)简化得

$$X_k=\sum_{n=0}^{N-1}x(n)\mathrm{e}^{-\mathrm{j}k\frac{2\pi}{N}n}=\sum_{n=0}^{N-1}x(n)W_N^{kn},\ k\ \text{为整数}$$

由于 $X(k)$ 具有周期性,周期为 N,则只要取一个 N 区间就可以得到所有的频谱信息。如果将上式的 k 的取值范围设为 $[0, N-1]$,即取 X_k 的主值区间,就得到了离散傅里叶变换的计算方法,即

$$X(k) = X_k R_N(k) = \sum_{n=0}^{N-1} x(n) W_N^{kn}, \ k = 0, 1, 2, \cdots, N-1 \quad (3-87)$$

再利用 IDFS 和 $X(k)$ 表示出原信号 $x(n)$,将式(3-85)简化得

$$\bar{x}(n) = \frac{1}{N} \sum_{k=0}^{N-1} X(k) W_N^{-nk}, \ n \ \text{为整数}$$

由于这个周期信号是由原来有限长信号周期延拓得到,这里只要取得原信号所在的主值区间就可以得到原信号 $x(n)$,即

$$x(n) = \bar{x}(n) R_N(n) = \frac{1}{N} \sum_{k=0}^{N-1} X(k) W_N^{-nk}, \ n = 0, 1, 2, \cdots, N-1$$

式(3-86)、式(3-87)分别被称为离散傅里叶变换(DFT)和离散傅里叶反变换(IDFT)。

DFT 的实质是将有限长信号进行周期延拓,获得周期序列后再用 DFS 进行分析,并且对于分析结果只取主值区间内的值。

2) 计算机对无限长周期信号预处理

(1) 无限长连续周期信号的周期确定。计算机只能分析有限长的信号,因此只有 DFT 算法适用于计算机对数据的处理。计算机在对无限长信号进行分析之前需要先确定信号周期 T,截取一个周期内的信号进行 DFT 运算分析。

设 $x(t) = \sum_{i=1}^{K} A_{mi} \sin(\omega_i t + \varphi_i)$,经过 $x(t)$ 超过一个信号周期的非同步采样后,可以得到采样序列为

$$x_s(n) = x(nT_s) = \sum_{i=1}^{K} A_{mi} \sin(\omega_i nT_s + \varphi_i), \ n = 0, 1, 2, \cdots$$

为了得到周期的整数部分,将计算过程分为如下两步:

① 选择 k_1,使得 k_1 满足 $x_s(k_1) \leqslant 0 \bigcap x_s(k_1+1) \geqslant 0$。

② 选择 k_2,使得 k_2 满足 $x_s(k_2) \leqslant 0 \bigcap x_s(k_2+1) \geqslant 0$。

求得周期的整数部分:

$$T_1 = (k_2 - k_1 - 1) T_s \quad (3-88)$$

信号周期的小数部分可由 k_1，k_1+1 及 k_2，k_2+1 这样四个信号的首尾取样点，或更多取样点的取样值，并假设通过不同形式的插值函数，可对这些信号过零点附近的取样点间的函数值进行不同程度的逼近，然后通过求解不同的方程来获得。当采用线性插值函数时，信号周期始端部分只需用 k_1 和 k_1+1 两点的取样值即可得到：

$$T_{p1} = \frac{x_s(k_1+1)}{x_s(k_1+1)-x_s(k_1)} \cdot T_s \qquad (3-89)$$

信号周期尾端部分则用 k_2 和 k_2+1 两点的取样值来计算：

$$T_{p2} = \frac{x_s(k_2)}{x_s(k_2)-x_s(k_2+1)} \cdot T_s \qquad (3-90)$$

从而得到信号的周期为

$$T = T_1 + T_{p1} + T_{p2}$$
$$= \left[k_2 - k_1 - 1 + \frac{x_s(k_1+1)}{x_s(k_1+1)-x_s(k_1)} + \frac{x_s(k_2)}{x_s(k_2)-x_s(k_2+1)} \right] \cdot T_s$$
$$\qquad (3-91)$$

（2）采样周期与连续信号周期之间的关系。设 $x(t) = \sum_{i=1}^{K} A_{mi}\sin(\omega_i t + \varphi_i)$，通过计算可以得到自然信号 $x(t)$ 的周期为

$$T = \left[k_2 - k_1 - 1 + \frac{x_s(k_1+1)}{x_s(k_1+1)-x_s(k_1)} + \frac{x_s(k_2)}{x_s(k_2)-x_s(k_2+1)} \right] \cdot T_s$$

确定了信号周期后，这里假设采样频率是信号频率（信号周期的倒数）的整倍数，并且参与运算的采样点数乘以采样周期等于信号周期的整倍数，即进行整周期截断。

设连续信号 $x(t)$ 经周期采样后得到样本序列 $x[n]=x[nT_s]$，其中 T_s 是采样周期，即等间隔采样，$f_s = \dfrac{1}{T_s}$ 为采样频率，$\Omega_s = \dfrac{2\pi}{T_s}$，则

$$x_s(t) = x(t) \sum_{n=-\infty}^{\infty} \delta(t-nT_s) = \sum_{n=-\infty}^{\infty} x(nT_s)\delta(t-nT_s) \qquad (3-92)$$

$x_s(t)$ 与 $x[n]$ 的关系如图 3-22 所示。

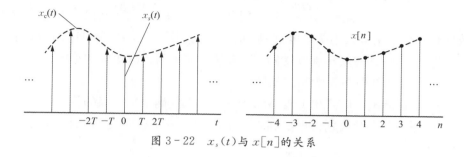

图 3-22 $x_s(t)$ 与 $x[n]$ 的关系

得到信号周期 T 后,取 $f_s = \dfrac{k_1}{T}$ 且 $NT_s = k_2 T$,其中 k_1 和 k_2 均为整数,N 为参与运算的采样点数,就可以将连续信号离散化为离散信号。

（3）无限长周期信号的截断。在获得了信号的周期、确定了采样频率及对时域信号进行离散化后,通过对无限长信号进行加窗,可以截取需要分析的有限长信号。

根据信号 $x(t)$ 的周期,确定窗函数的宽度,截取一个周期内的信号 $\hat{x}_N(n)$:

$$\hat{x}_N(n) = x(n)w_n(n) \tag{3-93}$$

式中 $\hat{x}_N(n)$——加窗截断后的数据序列;

      $x(n)$——待处理数据序列;

      $w_n(n)$——窗函数;

      N——傅里叶变换长度。

根据卷积定理,式(3-93)中的两个信号在频域内满足

$$X_N(f) = X(f) * W_n(f) \tag{3-94}$$

（4）截断后信号的傅里叶变换。无限长周期信号 $x(t)$ 通过采样加窗截断变为有限长离散信号 $\hat{x}_N(n)$,即计算机可以处理的信号,将其表示为 $x_N(n)$,可以对其进行 DFT 变换:

$$X(k) = \sum_{n=0}^{N-1} x_N(n) W_N^{kn}, \; k = 0, \, 1, \, 2, \, \cdots, \, N-1 \tag{3-95}$$

计算机对数据进行处理时可采用不同的 FFT 算法,根据不同情况可分别采用基 2-FFT、基 3-FFT、基 4-FFT、混合基算法等。

3) 无限长周期信号进行 FFT 变换时不确定度评定

（1）舍入不确定度评定。基 2 - FFT、基 3 - FFT 和基 4 - FFT 算法在处理数据时都会带来舍入不确定度,评定舍入不确定度的具体步骤可以归纳如下：

① 根据具体的取样点数,将 FFT 表达式表示为传递矩阵的形式。

② 将传递矩阵分解为稀疏矩阵。

③ 根据稀疏矩阵得出 FFT 算法流程图,以此确定每一级的传递规律。

④ 评定每一级分别由加法和乘法引起的舍入不确定度,合成两者带来的不确定度。

⑤ 合成每一级的不确定度,得出最后结果。

对于其他的 FFT 算法,如分裂基算法,同样可以运用以上方法得出其舍入不确定度。

由于计算机处理的是离散序列,可以将进入计算机进行 FFT 变换的信号数据看成是一个点集,所以对于取了一个离散周期的无限长周期信号而言,可以直接应用上述方法来评定其舍入不确定度。

基 2 - FFT 算法如下：

第 m 级的舍入不确定度为

$$u_r(X_m(k)) = m(e_R + je_I)$$

其中实部及虚部舍入不确定度为

$$e_R = e_I = e_{add} + e'_{add} + e_{mul} + e'_{mul} = 4 \times 0.29\delta_x$$

基 3 - FFT 算法如下：

第 S 级的舍入不确定度为

$$u_r(X_s(k)) = (S-1) \times (e_{Rt} + je_{It}) + 9 \times 0.29\delta_x + j9 \times 0.29\delta_x$$

其中实部及虚部舍入不确定度为

$$e_{It} = e_{Rt} = 9 \times 0.29\delta_x$$

基 4 - FFT 算法如下：

第 L 级的舍入不确定度为

$$u_r(X_L(k)) = (L-1) \times e_f + 13 \times 0.29\delta_x + j13 \times 0.29\delta_x$$

其中实部及虚部舍入不确定度为

$$e_{If} = e_{Rf} = 3 \times 0.29\delta_x$$

（2）截断不确定度评定。连续信号离散化处理后产生的频谱泄漏不确定度最大值 $u_{1\max}(x) = \dfrac{\sqrt{2}\,\pi}{N}$。窗函数栅栏效应引起的不确定度为 $u_2 = \sqrt{\left(\dfrac{\varepsilon}{2\sqrt{2}}\right)^2} = \dfrac{\varepsilon}{2\sqrt{2}}$，其中 $\varepsilon = 1 - |W_R(e^{j\frac{\pi}{N}})|$。

（3）合成不确定度。时域无限长周期信号由时域到进行 FFT 运算需要如图 3 - 23 所示的运算过程，其中采样过程带来频谱泄漏不确定度，截断过程带来截断不确定度，计算机进行 FFT 运算过程带来舍入不确定度。

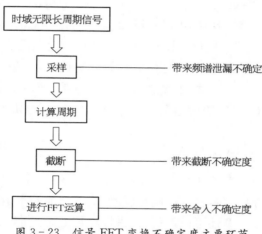

图 3 - 23　信号 FFT 变换不确定度主要环节

本书将计算得到的周期视为理想情况，频谱泄漏不确定度、截断不确定度和舍入不确定度可视为相互独立，令频谱泄漏不确定度为 u_{sl}，截断不确定度为 u_{st}，舍入不确定度为 u_{ro}，所以三者合成不确定度 u_c 为

$$u_c = \sqrt{u_{sl}^2 + u_{st}^2 + u_{ro}^2} \tag{3-96}$$

假设待分析正弦信号的形式为 $\bar{x} = A\cos(2\pi ft + \varphi)$，采样点数 $N = 1\,024$。假设基 2 - FFT 算法设定保留到小数点后 8 位，分辨力 $\delta_x = 5 \times 10^{-8}$。取 1 024 个点，$2^{10} = 1\,024$，所以 $m = 10$，由式（3 - 56）得幅值的舍入不确定度为

$$u_{ro} = m \times \sqrt{e_R^2 + e_I^2} = 8.202\,4 \times 10^{-7}$$

离散化处理后产生的频谱泄漏不确定度的最大值 $u_{sl}(x) = \dfrac{\sqrt{2}\,\pi}{N}$。

假设对信号采用三角窗进行截断,三角窗栅栏效应引起的不确定度为

$$u_{st} = \sqrt{\left(\frac{\varepsilon}{2\sqrt{2}}\right)^2} = \frac{\varepsilon}{2\sqrt{2}}$$

根据式(3-96)可得合成不确定度:

$$u_c = \sqrt{u_{sl}^2 + u_{st}^2 + u_{ro}^2} = \sqrt{(8.202\,4 \times 10^{-7})^2 + (4.339 \times 10^{-3})^2 + (0.128\,47)^2}$$
$$= 0.128\,5$$

由上述计算可知,当采样点数为 1 024 点的无限长周期信号,当不考虑计算周期时引起的不确定度,其合成不确定度为 0.023。其中舍入不确定度为 $u_r = 8.202\,4 \times 10^{-7}$,频谱泄漏不确定度为 $u_1 = 4.339 \times 10^{-3}$,截断不确定度为 $u_2 = 0.128\,47$。所以当对精度的要求为 10^{-6} 及精度要求低于 10^{-6} 时,舍入不确定度可以忽略不计;截断不确定度对精度的影响最大,一般情况下不可忽略;当系统精度要求低于 10^{-3} 时,频谱泄漏不确定度可以忽略,否则需要考虑。

当假设基 2-FFT 算法设定保留到小数点后 8 位,分辨力 $\delta_x = 5 \times 10^{-8}$,截断不确定度为 $u_2 = \sqrt{\left(\frac{\varepsilon}{2\sqrt{2}}\right)^2} = \frac{\varepsilon}{2\sqrt{2}}$, $\varepsilon = 1 - \left| W_R(e^{j\frac{\pi}{N}}) \right|$。当对 FFT 算法采用不同取样点数,对应的舍入不确定度、频谱泄漏不确定度、截断不确定度见表 3-9。当采样点数越大时,舍入不确定度增大,频谱泄漏不确定度减小,截断不确定度增大。从表 3-9 还可以发现,当采样点数处于大于 512 个点时,截断不确定度的值变化很小。所以当设定取样点数为 4 096 时,频谱泄漏不确定度减小,舍入不确定度仍为 10^{-7} 的数量级,截断不确定度基本与设定为 1 024 个点基本相同,此时合成不确定度是一个较理想的值。

表 3-9　FFT 不同取样点数对应的不确定度值

FFT 取样点数	舍入不确定度	频谱泄漏不确定度	截断不确定度
$2^7 = 128$	$5.741\,7 \times 10^{-7}$	$3.471\,0 \times 10^{-2}$	0.128 45
$2^9 = 512$	$7.382\,2 \times 10^{-7}$	$8.677\,5 \times 10^{-3}$	0.128 47
$2^{10} = 1\,024$	$8.202\,4 \times 10^{-7}$	$4.338\,8 \times 10^{-3}$	0.128 47
$2^{12} = 4\,096$	$9.842\,9 \times 10^{-7}$	$1.084\,7 \times 10^{-3}$	0.128 47
$2^{20} = 1\,048\,576$	$1.640\,5 \times 10^{-6}$	$4.237\,1 \times 10^{-6}$	0.128 47

本节给出了一般算法的不确定度评定流程,其中包括舍入不确定度和截断不确定度。由于傅里叶变化是最典型的算法,一般的信号分析和处理都要应用该算法,本书研究了基 2、基 3 和基 4 舍入不确定度和截断不确定度的评定方法。对于其他类型的信号,可以利用傅里叶变换对信号进行分解,再利用本书提出的傅里叶算法不确定度评定方法评定其测量不确定度。

3.5　虚拟仪器的静态直接测量不确定度评定方法

虚拟仪器的静态直接测量不确定度评定包括正问题和反问题两类。所谓正问题,即已知传感器、信号调理器、ADC 及算法的不确定度,如何评定仪器测量结果的不确定度;反问题为虚拟仪器设计问题,即当仪器测量不确定度指标给定的情况下,如何给仪器的上述环节合理分配测量不确定度问题。

3.5.1　正问题:已有仪器的直接测量不确定度评定问题

当由传感器、信号调理器、ADC 的产品技术规范获得各种误差分布区间后,可以依据 GUM 按照不确定度 B 类评定方法分别确定传感器、信号调理器、ADC 及 DSP 的不确定度,之后再确定虚拟仪器直接测量的合成不确定度,这种方法较为实用[2]。

3.5.1.1　虚拟仪器静态直接测量的不确定度评定 B 类评定方法

1) 传感器、信号调理器及 ADC 的合成不确定度

传感器、信号调理器、ADC 不确定度来源分别如图 3-1～图 3-3 所示。假定传感器、信号调理器、ADC 及 DSP 分别有 l 个、m 个和 n 个相互独立的不确定度来源。对于每一个不确定度来源,产品生产厂家保证了其误差范围为 $\pm e_i$,依据式(3-5),其相应的标准不确定度 u_i(标准偏差的估计值 σ_i)为

$$\sigma_i = u_i = \frac{e_i}{k_{ai}} \tag{3-97}$$

式中　k_{ai}——置信系数,它可以依据误差在区间 $\pm e_i$ 的概率分布规律确定。

如果某个误差的分布规律不明确,则可以按照其特性在正态分布、矩形分布、三角分布、U 分布或者其他分布中选择一个。如果某误差是以相对误差的形式给出,则可依据相对误差值假定其分布区间为 $\pm e_i$。一旦所有不确定度来源的置信系数得以确定,则传感器、信号调理器及 A/D 转换的不确定度 u_{Tr}、u_{SC} 及 u_{AD} 可分别由式(3-97)确定。

2) 虚拟仪器直接测量的合成不确定度

为了便于评定直接测量的合成不确定度,需要引入相对不确定度的概念。设目标变量的变化范围为$\pm A$,其不确定度为u,则相对不确定度u_r为

$$u_r = \frac{u}{A} \tag{3-98}$$

假定传感器、信号调理器、ADC 及 DSP 的测量范围分别为$\pm A_{Tr}$、$\pm A_{SC}$、$\pm A_{AD}$ 和$\pm A_{DS}$,可依据式(3-98),它们的相对不确定度u_{rTr}、u_{rSC}、u_{rAD} 及u_{rDS}可由式(3-99)~式(3-102)确定:

$$u_{rTr} = \frac{u_{Tr}}{A_{Tr}} \tag{3-99}$$

$$u_{rSC} = \frac{u_{SC}}{A_{SC}} \tag{3-100}$$

$$u_{rAD} = \frac{u_{AD}}{A_{AD}} \tag{3-101}$$

$$u_{rDS} = \frac{u_{DS}}{A_{DS}} \tag{3-102}$$

直接测量的合成相对不确定度u_r为

$$u_r = \sqrt{u_{rTr}^2 + u_{rSC}^2 + u_{rAD}^2 + u_{rDS}^2} \tag{3-103}$$

设x表示某一目标变量的仪器测量值,仪器的不确定度$u(x)$为

$$u(x) = u_r \cdot x \tag{3-104}$$

3.5.1.2　虚拟仪器静态直接测量的不确定度评定 A 类评定方法

A 类测量不确定度评定可根据第 1.6 节中 GUM 给出的原则,参照图 1-1 的评定流程进行。对被测量 X 如果在同一条件下重复进行了n次测量,则这n个值的算术平均值为

$$\overline{X} = \frac{1}{n} \sum_{i=1}^{n} x_i \tag{3-105}$$

对于单次测量结果的不确定度评定,可用实验标准差表示它的标准不确定度$u(x)$,根据式(1-2)可得

$$u(x) = s(x_k) = \sqrt{\dfrac{\sum\limits_{i=1}^{n}(x_i - \overline{X})^2}{n-1}} \qquad (3-106)$$

因为用算术平均值的方差 $s^2(\overline{X})$ 的正平方根(平均值的实验标准差)$s(\overline{X})$ 比单个测量值的方差 $s(x)$ 更适合用于表征测量不确定度 $u_A(x)$。由于平均值方差 $\sigma(\overline{X})$ 与单次测量方差 $\sigma(x)$ 之间存在 $\sigma^2(\overline{X}) = \dfrac{1}{n}\sigma^2$ 的关系,故这两种方差估计值 $s(\overline{X})$ 与 $s(x)$ 之间的关系为 $s^2(\overline{X}) = \dfrac{1}{n}s(x)^2$,再根据式(1-3)可得不确定度为

$$u_A(x) = s(\overline{X}) = \dfrac{s(x_k)}{\sqrt{n}} \qquad (3-107)$$

式中　$s(X_k)$——用统计分析方法获得的任意单个测量值 X_k 的实验标准偏差;

　　　$s(\overline{X})$——算术平均值 $\overline{X}$ 的实验标准偏差。

A 类评定得到的标准不确定度 $u(x)$ 的自由度就是实验标准偏差 $s(X_k)$ 的自由度。$u(x)$ 与 $\sqrt{n}$ 成正比,当标准不确定度较大时,可以通过适当增加测量次数减少其不确定度。

3.5.2　反问题:虚拟仪器的直接测量不确定度分配方法问题

假定仪器相对测量不确定度的设计指标为 u_{ds},需要确定传感器、信号调理器、ADC 及算法的相对测量不确定度 u_{dsTrs}、u_{dsSC}、u_{dsADC} 和 u_{dsDSP},以满足

$$u_{ds} = \sqrt{u_{dsTr}^2 + u_{dsSC}^2 + u_{dsADC}^2 + u_{dsDS}^2} \leqslant u_{ds} \qquad (3-108)$$

为解决上述问题,虚拟仪器各个环节的测量不确定度分配可采用如图 3-24 所示的流程进行。

令

$$\dfrac{u_{dsSc}}{u_{dsTr}} = k_1;\ \dfrac{u_{dsADC}}{u_{dsTr}} = k_2;\ \dfrac{u_{dsDs}}{u_{dsTr}} = k_3;其中\ k_i < 1,\ i = 1,2,3 \qquad (3-109)$$

将式(3-109)代入式(3-108),可得 $\sqrt{(1 + k_1^2 + k_2^2 + k_3^2)}\,u_{dsTr} \leqslant u_{ds}$,即

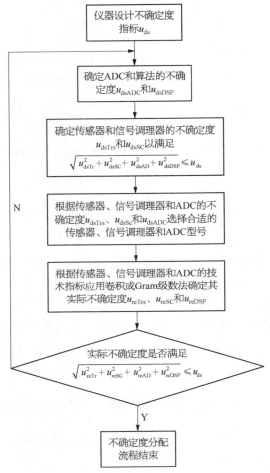

图 3-24　虚拟仪器直接测量不确定度分配流程

$$u_{dsTr} \leq \frac{u_{ds}}{\sqrt{(1 + k_1^2 + k_2^2 + k_3^2)}} \qquad (3-110)$$

1）一般精度设计场合

由于 ADC 的位数一般在 8 位以上，分辨率较高，尽管这并不能一定保证获得较高的 A/D 转换精度，但采样率和带宽都满足匹配条件，包括信号调理采取了抗混叠滤波，使得 ADC 输入信号的带宽完全在 ADC 的全功率带宽范围内，可以确保其相对不确定度 $u_{dsADC} \leq 0.3\%$。由于当前的 PC 机的位数为 32

位或 64 位,因而舍入误差导致的不确定度几乎可以忽略,此时可以只考虑算法偏差,一般也可以控制其不确定度以满足 $u_{dsDSP} \leqslant 0.2\%$。此时有

$$u_{dsTr}^2 + u_{dsSC}^2 \leqslant u_{ds}^2 - u_{dsADC}^2 - u_{dsDSP}^2 \tag{3-111}$$

考虑到成本因素,可选择 $u_{dsSC} = 0.8 u_{dsTr}$,代入上式可得

$$1.64 u_{dsTr} \leqslant \sqrt{u_{ds}^2 - u_{dsADC}^2 - u_{dsDSP}^2}$$

即

$$u_{dsTr} \leqslant 0.78 \sqrt{u_{ds}^2 - u_{dsADC}^2 - u_{dsDSP}^2} = 0.78 \sqrt{u_{ds}^2 - 0.2^2 - 0.3^2} \tag{3-112}$$

由上述方法可以确定传感器、信号调理器、ADC 及算法的初选不确定度 u_{rfTrs}、u_{rpSC}、u_{rfIADC}、u_{rfDSP},并可依此选择传感器、信号调理器、ADC 的具体产品型号,之后依据它们的具体技术指标,根据图 3-24 的流程验算传感器、信号调理器、ADC 及算法的实际不确定度是否满足设计要求。

2) 高精度设计场合

对于高精度虚拟仪器设计场合,可以考虑选择 16 位及以上的 ADC 以获得较高的分辨率;再综合考虑 ADC 的动态和静态参数,可以保证获得更小的 ADC 测量不确定度;同时,算法的不确定也可以控制得更小;可以应用图 3-24 的流程完成测量不确定度的分配。

3.5.3　实例:基于涡流效应的电刷镀镀层厚度检测虚拟仪器的测量不确定度评定

为了提高复合电刷镀过程中镀层厚度的测量精度,可以利用涡流效应传感器检测镀层厚度变化。这种方法属于非接触测量,在刷镀过程中不会污染镀液,也无须考虑绝缘、密封等问题,同时还可以充分利用虚拟仪器的优势提高测量精度。

涡流效应传感器能将机械位移或振动幅值转换成合适的电压信号,并且具有较好的动态响应特性、抗干扰性及较高的灵敏度,并能实现非接触测量。由于在刷镀过程中镀层厚度变化较缓慢,理论上该变化可以用涡流传感器检测到,再结合虚拟仪器技术可以经济而有效地实现镀层厚度的实时检测。[2]

1) 虚拟仪器的硬件组成

整个系统如图 3-25 所示,它包括一个直流刷镀电源和刷镀厚度测量虚拟

仪器。其中刷镀电源的技术规格如下:输出电流 0~100 A;输出电压 0~30 V (可调)。虚拟仪器的硬件如下:

(1) 计算机。

(2) DAQ。NI 6024E,PCI 总线,最高采样率 200 kS/s,12 bits,模拟输入通道数 16,输入信号电压范围 ±10 V。

(3) 位移测量仪。YE5937(与 CWY‐DO 系列涡流传感器配套使用),其技术规格见表 3‐10。

(4) 涡流传感器。CWY‐DO‐504,包括一个探头和一个前置器,其技术规格见表 3‐11。

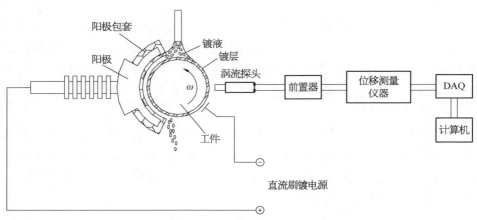

图 3‐25   镀层厚度检测虚拟仪器的构成

表 3‐10   位移测量仪技术规格

项目	规 格
适配传感器	CWY‐DO 系列
输入阻抗	40 kΩ
量程	2 mm、4 mm、10 mm(12.5 mm)、20 mm(25 mm)
测量模式	静态位移、动态位移(峰-峰值)
分辨率	1 μm(量程:2 mm、4 mm);10 μm(量程:10 mm、20 mm)
输出位移	8 V/2 mm、8 V/4 mm、5 V/12.5 mm、5 V/25 mm
工作温度	−10~50 ℃

表 3-11　涡流传感器技术规格

项　目	规　格
探头直径	ϕ16 mm
量程	4.0 mm
参考灵敏度	3.99 mV/μm
分辨率	1 μm
带宽	DC-5 000 Hz
非线性度	<2%FS
工作温度（探头）	-20~120 ℃
温度漂移	0.1%（range）/℃

2）应用程序

图 3-26 的算法代表了基于涡流传感器测量镀层厚度的虚拟仪器的总功能，它们需要通过相应的程序来实现。

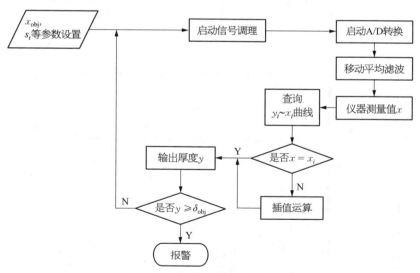

图 3-26　镀层厚度检测算法

利用虚拟仪器开发平台 LabVIEW 可高效地实现上述功能。按照图 3-26 的算法，在仪器前面板上放置所需要的控件和指示器等，从而实现仪器控制和数据输入输出功能;同时根据需要将各种功能图标和连接器放置于流程框图面板,并根据测试算法将图标和连接器按照合适的方式组合并连接起来,从而获得所需要的虚拟仪器,如图 3-27、图 3-28 所示。

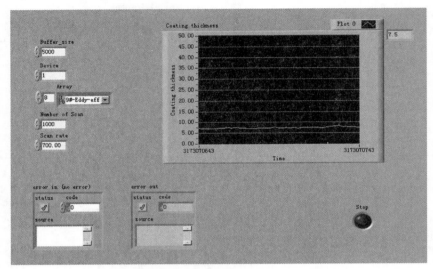

图 3-27　涡流法测量镀层厚度虚拟仪器前面板

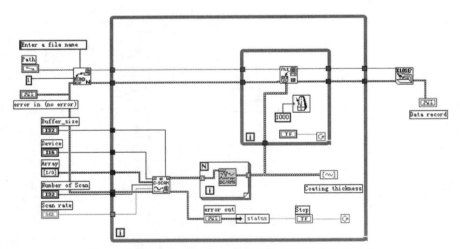

图 3-28　涡流法测量镀层厚度虚拟仪器流程框图面板

3）测量不确定度评定

（1）涡流位移传感器的测量不确定度。涡流位移传感器的不确定度来源主要包括分辨率、灵敏度、线性度和温度漂移，取量程 2 mm，测量环境温度 20 ℃；假定所有的不确定度来源呈均匀分布，依据其技术规范，利用式（3-5）可以确定涡流位移传感器各项不确定度来源的标准不确定度，见表 3-12。

表 3-12　涡流位移传感器的不确定度

不确定度来源	技术规范		标准不确定度/mV
分辨率	1 μm		2.30
灵敏度	3.99 mV/μm		9.18
线性度	<2%FS		46.12
温度漂移	0.1%（range）/℃		11.56
结果	$\left(\sum\sigma^2\right)^{\frac{1}{2}}=48.48$	$\gamma=1.42$	$ka=1.52$
	合成不确定度		73.69 mV
	合成相对不确定度		0.92%

（2）ADC 的测量不确定度。ADC 的不确定度来源主要包括偏移、相对精度、温度漂移等，测量环境温度 20 ℃；假定所有的不确定度来源呈均匀分布，依据其技术规范，利用式（3-5）可以确定涡流位移传感器各项不确定度来源的标准不确定度，见表 3-13。

表 3-13　ADC 的不确定度

不确定度来源	技术规范	标准不确定度/μV
偏移	6 380 μV	3 684
相对精度	±1.5 LSB	2 117
温度系数	±5×10^{-6}/℃（max）	578
长期稳定性	±15×10^{-6}/1 000 h	1 734
量化	±0.5 LSB	706
DNL	±1.0 LSB	1 412
系统噪声	0.8 LSB（rms）	1 129

(续表)

不确定度来源	技术规范		标准不确定度/μV	
凝固时间	$\pm 0.5\ \text{LSB in } 5\ \mu\text{s}$		706	
串话干扰	$-80\ \text{dB}$		578	
时钟抖动	$\tau_a = 0.22\ \text{ns}$		854	
结果	$(\sum \sigma^2)^{\frac{1}{2}} = 5\ 169$	$\gamma = 0.53$	$k_a = 2.43$	
	合成不确定度		12 561 μV	
	合成相对不确定度		0.25%	

（3）算法的不确定度。在测量过程中，无算法截断，故算法的不确定度由舍入引起。数值计算结果保留到小数点后 8 位，则分辨力 $\delta_x = 5 \times 10^{-8}$；区间半宽度 $a = \dfrac{\delta_x}{2}$，由式（3-39）可得舍入的标准不确定度为 $u(x) = \dfrac{a}{k} = \dfrac{\delta_x}{2\sqrt{3}} = 0.29\delta_x = 0.29 \times 5 \times 10^{-8} = 1.45 \times 10^{-8}$。以十进制数"1"作为参考，可以利用式（3-98）求得相对不确定度，结果见表 3-14。

表 3-14　算法的不确定度

不确定度来源	标准不确定度/μV		
舍入	1.45×10^{-8}		
截断	0		
结果	1.45×10^{-8}	$\gamma = 1$	$k_a = 1$
	合成不确定度		1.45
	合成相对不确定度		$1.45 \times 10^{-6}\%$

（4）仪器的测量不确定度。由式（3-103）可以求得仪器测量结果的不确定度为

$$u_{rCu} = \sqrt{u_{rTR}^2 + u_{rAD}^2 + u_{rDS}^2} = \sqrt{(0.92\%)^2 + (0.25\%)^2 + (1.45 \times 10^{-6}\%)^2}$$
$$= 0.95\%$$

由实例研究可以发现，对于虚拟仪器直接测量，仪器测量结果的不确定

度与传感器、信号调理器、ADC 和算法的测量不确定度有关,但是它们的不确定度对仪器测量的不确定度影响有较大差异,影响从高到低依次是传感器和信号调理器、ADC 和算法,即对测量结果影响最大的是传感器的测量不确定度。

① 由于计算机的位数较高,算法中由舍入产生的不确定度可以忽略不计,因此主要分析有算法截断产生的不确定度。

② ADC 的分辨率达 8 位以上时,一般 ADC 的相对不确定度可以控制在0.2%左右。

③ 在虚拟仪器的设计阶段,需要给传感器、信号调理器、ADC 和算法合理分配不确定度。由于 ADC 和算法的不确定度是可控的,而仪器的测量不确定度主要取决于传感器和信号调理器的不确定度,考虑到成本因素,并不需要盲目追求较高的 ADC 分辨率,也不应过分追求高精度的传感器和信号调理器。在满足仪器测量不确定度的前提下,应尽可能给传感器和信号调理器分配较大的不确定度,以降低仪器成本。

3.6　虚拟仪器的静态间接测量不确定度评定方法

3.6.1　正问题:已有仪器的间接测量不确定度评定问题

如果某一被测量 y 是通过间接测量得到,设 $y = f(x_1, x_2, \cdots, x_n)$,其中 $x_1, x_2, \cdots, x_n$ 为被测分量,它们可以分别通过直接测量获得。设变量 $x_1, x_2, \cdots, x_n$ 的不确定度分别为 $u(x_1), u(x_2), \cdots, u(x_n)$,则依据不确定度传播定律,利用式(1-14)可得间接测量的合成不确定度:

$$u_c(y) = \sqrt{\sum_{i=1}^{N}\left[\frac{\partial f}{\partial x_i}u_2(x_i)\right]^2 + 2\sum_{i=1}^{N-1}\sum_{j=i+1}^{N}\frac{\partial f}{\partial x_i}\frac{\partial f}{\partial x_j}r(x_i, x_j)u(x_i)u(x_j)}$$

$$(3-113)$$

式中　y——输出量的估计值,即被测量 Y 的估计值;

　　　　x_i, y_i——第 i 个和 j 个输入量的估计值,$i \neq j$;

　　　　N——输入量的数量;

　　　　$\dfrac{\partial f}{\partial x_i}$——测量函数对于第 i 个输入量 X_i 在估计值 x_i 点的偏导数,称为

　　　　　　　　灵敏系数,也可用符号 c_i 表示;

$u(x_i)$——输入量 x_i 的标准不确定度；

$u(y_i)$——输入量 x_j 的标准不确定度；

$r(x_i, y_i)$——输入量 x_i 与 x_j 的相关系数估计值；

$r(x_i, y_i)u(x_i)u(x_j)$——输入量 x_i 与 x_j 的协方差估计值：

$$r(x_i, y_i)u(x_i)u(x_j) = u(x_i, x_j)$$

当各不确定度分量之间不相关时，合成不确定度可以被表示为

$$u(y) = \sqrt{\sum_{i=1}^{n}\left(\frac{\partial f}{\partial x_i}\right)^2 u^2(x_i)} \tag{3-114}$$

式中　u_i——各个不确定度分量的标准不确定度，i 取决于不确定分量的个数。

3.6.2　反问题：虚拟仪器的间接测量不确定度分配方法问题

如果某一被测量 y 是通过间接测量得到，设 $y = f(x_1, x_2, \cdots, x_n)$，其中 $x_1, x_2, \cdots, x_n$ 为被测分量，它们可以分别通过 n 个测量仪器 I_1、I_2、$\cdots$、I_n 直接测量获得。如果给定 y 的测量不确定度 $u_{ds}(y)$，如何确定 n 个测量仪器 I_1、I_2、$\cdots$、I_n 的不确定度 u_{I1}、u_{I2}、$\cdots$、u_{In}？

依据不确定度传播定律，利用本书第 1 章式(1-14)可得间接测量的合成不确定度：

$$u_c(y) = \sqrt{\sum_{i=1}^{N}\left[\frac{\partial f}{\partial x_i}u_{Ii}(x_i)\right]^2 + 2\sum_{i=1}^{N-1}\sum_{j=i+1}^{N}\frac{\partial f}{\partial x_i}\frac{\partial f}{\partial x_j}r(x_i, x_j)u_{Ii}(x_i)u_{Ij}(x_j)}$$

$$\leqslant u_{ds}(y) \tag{3-115}$$

式中　N——输入量的数量；

$\dfrac{\partial f}{\partial x_i}$——测量函数对于第 i 个输入量 X_i 在估计值 x_i 点的偏导数，称为灵敏系数；

$u(x_i)$——输入量 x_i 的标准不确定度；

$u(y_i)$——输入量 x_j 的标准不确定度；

$r(x_i, y_i)$——输入量 x_i 与 x_j 的相关系数估计值，$i \neq j$；

$r(x_i, y_i)u(x_i)u(x_j)$——输入量 x_i 与 x_j 的协方差估计值。

假设 x_1 为对被测量结果影响最大的量，令

$$\frac{u_{I2}}{u_{I1}}=k_{21}\;;\;\frac{u_{I3}}{u_{I1}}=k_{31}\;;\;\cdots\;;\;\frac{u_{In}}{u_{I1}}=k_{n1}\;;\text{其中}\,k_i<1,\;i=1,\,2,\,3$$

$$(3-116)$$

将上述表达式代入式(3-115)，可得

$$u_{I1}(x_1)=\sqrt{\sum_{i=1}^{N}\left(\frac{\partial f}{\partial x_i}k_{i1}\right)^2+2\sum_{i=1}^{N-1}\sum_{j=i+1}^{N}\frac{\partial f}{\partial x_i}\frac{\partial f}{\partial x_j}r(x_i,\,x_j)k_{i1}k_{j1}}\leqslant u_{ds}(y)$$

$$(3-117)$$

为求得 u_{I1} 的最大值，可令

$$G(x_1,\,x_2,\,\cdots,\,x_n)=\sum_{i=1}^{N}\left(\frac{\partial f}{\partial x_i}k_{i1}\right)^2+2\sum_{i=1}^{N-1}\sum_{j=i+1}^{N}\frac{\partial f}{\partial x_i}\frac{\partial f}{\partial x_j}r(x_i,\,x_j)k_{i1}k_{j1}$$

$$(3-118)$$

由于 $x_1,\,x_2,\,\cdots,\,x_n$ 有各自的量程范围，即 $x_1\in[l_1,\,r_1]$，$x_2\in[l_2,\,r_2]$，$\cdots$，$x_n\in[l_n,\,r_n]$，当 $\frac{\partial f}{\partial x_i}$，$i=1,\,2,\,\cdots,\,n$ 连续时，多元函数 $G(x_1,\,x_2,\,\cdots,\,x_n)$ 为闭区间上的连续函数，必有最大值和最小值，设其最大值 $G_{\max}(x_1,\,x_2,\,\cdots,\,x_n)$，则当

$$u_{I1}(x_1)\leqslant\frac{u_{ds}(y)}{\sqrt{\sum_{i=1}^{N}\left(\frac{\partial f}{\partial x_i}k_{i1}\right)^2+2\sum_{i=1}^{N-1}\sum_{j=i+1}^{N}\frac{\partial f}{\partial x_i}\frac{\partial f}{\partial x_j}r(x_i,\,x_j)k_{i1}k_{j1}}}$$
$$\leqslant\frac{u_{ds}(y)}{\sqrt{G_{\max}(x_1,\,x_2,\,\cdots,\,x_n)}}\qquad(3-119)$$

就可以满足式(3-115)。

再依据式(3-116)可以确定 I_2、I_3、$\cdots$、I_n 的测量不确定度 u_{I2}、u_{I3}、$\cdots$、u_{In}：

$$u_{I2}=k_{21}u_{I1}\;;\;u_{I3}=k_{31}u_{I1}\;;\;\cdots\;;\;u_{In}=k_{n1}u_{I1}\;;\;k_i<1,\;i=1,\,2,\,3$$

$$(3-120)$$

用上述方法在确定了 n 个测量仪器 I_1、I_2、$\cdots$、I_n 的不确定度 u_{I1}、u_{I2}、$\cdots$、u_{In} 后，就可以利用第 3.5.2 节提出的方法为 n 个测量仪器中的每一个仪器的传感器、信号调理器、ADC 和算法分配不确定度。

当测量 $x_1,\,x_2,\,\cdots,\,x_n$ 中的每一个对被测量 y 的影响"相当"时，可以按

照"等不确定度"原则 $u_{I1}=u_{I2}=\cdots=u_{In}$，初步确定度仪器 I_1、I_2、$\cdots$、I_n 的不确定度，因而由上式可得

$$u_{I1}(x_1) \leqslant \frac{u_{ds}(y)}{\sqrt{\sum_{i=1}^{N}\left(\frac{\partial f}{\partial x_i}\right)^2 + 2\sum_{i=1}^{N-1}\sum_{j=i+1}^{N}\frac{\partial f}{\partial x_i}\frac{\partial f}{\partial x_j}r(x_i,x_j)}}$$

$$\leqslant \frac{u_{ds}(y)}{\sqrt{G_{\max}(x_1,x_2,\cdots,x_n)}} \tag{3-121}$$

在确定 n 个测量仪器 I_1、I_2、$\cdots$、I_n 的不确定度 u_{I1}、u_{I2}、$\cdots$、u_{In} 之后，可以按照第 3.5.2 节的方法确定 n 个测量仪器的传感器、信号调理器、ADC 和算法的测量不确定度。

3.6.3　实例：电刷镀发热功率的测量不确定度评定

为了验证本书提出的方法，将其应用于电刷镀工艺过程中的电流、电压及刷镀发热功率的测量，如图 3-29 所示[2]。

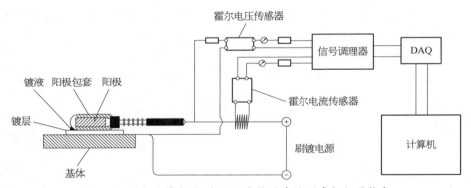

图 3-29　电刷镀电流、电压及发热功率检测虚拟仪器构成

基于上述原理开发的功率测量虚拟仪器如图 3-30 所示。

电刷镀发热功率检测虚拟仪器由硬件和软件组成。硬件如下：

(1) 计算机。

(2) DAQ。NI 6024，PCI 总线。

(3) 信号调理器。CM3508，增益 1、10、100、1 000。

(4) 霍尔电流传感器。LT - 109S7/SP4，量程 0～±120 A，输出 0～20 mA。

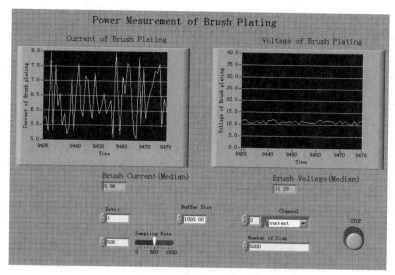

（a）前面板（front panel）

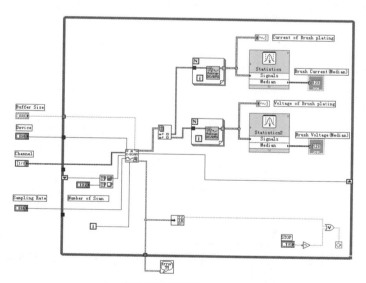

（b）流程框图面板（diagram panel）

图 3 - 30　刷镀电流、电压及发热功率检测虚拟仪器

（5）霍尔电压传感器。VBC48 - NND1C1，量程 0～48 V，输出 0～5 V。软件由 LabVIEW 开发，如图 3 - 30 所示。

在电刷镀过程中,由于发热功率 p 是刷镀电流 i 和回路电阻 r 的函数,它们相互独立,因而功率 p 的不确定度可以由第 3.6.1 节提出的间接测量不确定度评定方法确定。其中电流、电压传感器、信号调理、A/D 转换的不确定度来源见表 3-15～表 3-18。由于电阻 $r = \dfrac{u}{i}$,其测量不确定度可以由刷镀电压及电流的不确定度来确定。

假定所有的误差呈矩形分布,则电流、电压传感器、信号调理器及 ADC 的各自合成分布的偏峰系数 γ 可以由式(3-23)确定;取显著水平 $\alpha = 0.0027$,则相应的置信系数 k_a 可以依据表 3-1 由线性插值法确定;它们的相对不确定度可以分别由式(3-99)～式(3-102)确定。

用上述方法可以确定电流传感器、电压传感器、信号调理器和 ADC 的测量不确定度,见表 3-15～表 3-18。

表 3-15　电流传感器的不确定度

不确定度来源	技术规范		标准不确定度/mA
精度	0.60%		416
线性度	<0.2%		138
偏移	±0.10 mA(max)		0.06
温度漂移	±0.60 mA(max)		0.36
结果	$\left(\sum \sigma^2\right)^{\frac{1}{2}} = 438$	$\gamma = 1.42$	$k_a = 1.52$
	合成不确定度		666 mA
	合成相对不确定度		0.56%

表 3-16　电压传感器的不确定度

不确定度来源	技术规范	标准不确定度/mV
精度	0.70%	194
线性度	<0.15%	41
偏移	±0.10 mA(max)	138
温度漂移	±0.25 mA(max)	346

（续表）

不确定度来源	技术规范		标准不确定度/mV
结果	$(\sum\sigma^2)^{\frac{1}{2}}=423$	$\gamma=0.88$	$k_a=2.05$
	合成不确定度		867 mV
	合成相对不确定度		1.81%

表 3-17　信号调理器的不确定度

不确定度来源	技术规范		标准不确定度/μV
偏移	250 μV		144
系统噪声	600 μV		346
温度漂移	24 μV/℃		277
非线性	±0.008%		231
增益温度系数	$20\times10^{-6}/℃$		1 156
温度漂移	$20\times10^{-6}/℃$		1 156
增益	0.01%		1 954
结果	$(\sum\sigma^2)^{\frac{1}{2}}=2\,600$	$\gamma=0.69$	$k_a=2.24$
	合成不确定度		5 824 μV
	合成相对不确定度		0.12%

表 3-18　ADC 的不确定度

不确定度来源	技术规范	标准不确定度/μV
偏移	6 380 μV	3 684
相对精度	±1.5 LSB	2 117
温度系数	$±5\times10^{-6}/℃(max)$	578
长期稳定性	$±15\times10^{-6}/1\,000\ h$	1 734
量化	±0.5 LSB	706
DNL	±1.0 LSB	1 412
系统噪声	0.8 LSB(rms)	1 129

（续表）

不确定度来源	技术规范		标准不确定度/μV	
凝固时间	± 0.5 LSB in $5~\mu$s		706	
串话干扰	-80 dB		578	
时钟抖动	$\tau_a = 0.22$ ns		854	
结果	$(\sum \sigma^2)^{\frac{1}{2}} = 5\,169$	$\gamma = 0.53$	$k_a = 2.43$	
	合成不确定度		$12\,560~\mu$V	
	合成相对不确定度		0.25%	

在电压和电流测量过程中无算法截断,故算法的不确定度由舍入引起。数值计算结果保留到小数点后 8 位,则分辨力 $\delta_x = 5 \times 10^{-8}$;区间半宽度 $a = \dfrac{\delta_x}{2}$,由式(3-39)可得舍入的标准不确定度:

$$u(x) = \frac{a}{k} = \frac{\delta_x}{2\sqrt{3}} = 0.29\delta_x = 0.29 \times 5 \times 10^{-8} = 1.45 \times 10^{-8}$$

算法不确定度的计算结果见表 3-19。

表 3-19　算法不确定度

不确定度来源	标准不确定度		
舍入	1.45×10^{-8}		
截断	0		
结果	$(\sum \sigma^2)^{\frac{1}{2}} = 1.45 \times 10^{-8}$	$\gamma = 1.0$	$k_a = 1$
	合成不确定度	1.45×10^{-8}	
	合成相对不确定度	$1.45 \times 10^{-6}\%$	

依据式(3-103),刷镀电流和电压的相对测量不确定度分别为

$$u_{rCu} = \sqrt{u_{rTr}^2 + u_{rSC}^2 + u_{rAD}^2 + u_{rDS}^2}$$
$$= \sqrt{(0.56\%)^2 + (0.12\%)^2 + (0.25\%)^2 + (1.45 \times 10^{-6})^2} \approx 0.63\%$$

$$u_{rVo} = \sqrt{u_{rTr}^2 + u_{rSC}^2 + u_{rAD}^2 + u_{rDS}^2}$$

$$= \sqrt{(1.81\%)^2 + (0.12\%)^2 + (0.25\%)^2 + (1.45 \times 10^{-6})^2} \approx 1.83\%$$

设刷镀功率、刷镀电压、刷镀电流及回路电阻的测量平均值分别为 p_m、u_m、i_m 和 r_m；它们相应的测量不确定度分别为 $u(p_m)$、$u(u_m)$、$u(i_m)$ 和 $u(r_m)$，则

$$r_m = f_1(u_m, i_m) = \frac{u_m}{i_m} \qquad (3-122)$$

依据式(3-114)：

$$u(r_m) = \sqrt{\left(\frac{\partial f_1}{\partial u_m} u(u_m)\right)^2 + \left(\frac{\partial f_1}{\partial i_m} u(i_m)\right)^2} = \sqrt{\frac{i_m^2 u^2(u_m) + u_m^2 u^2(i_m)}{i_m^4}} \qquad (3-123)$$

$$p_m = f(i_m, r_m) = i_m^2 \cdot r_m \qquad (3-124)$$

将(3-124)代入式(3-103)，可得

$$u(p_m) = \sqrt{\left(\frac{\partial f}{\partial i_m}\right)^2 u^2(i_m) + \left(\frac{\partial f}{\partial r_m}\right)^2 u^2(r_m)} = \sqrt{4i_m^2 r_m^2 u^2(i_m) + i_m^4 u^2(r_m)}$$

$$= \sqrt{4u_m^2 u^2(i_m) + i_m^2 u^2(u_m) + u_m^2 u^2(i_m)} = \sqrt{5u_m^2 u^2(i_m) + i_m^2 u^2(u_m)}$$

$$= u_m i_m \sqrt{5\left(\frac{u(i_m)}{i_m}\right)^2 + \left(\frac{u(u_m)}{u_m}\right)^2} = u_m i_m \sqrt{5u_{rCu}^2 + u_{rVo}^2} \qquad (3-125)$$

经计算可知刷镀电流和刷镀电压的测量平均值分别为 $i_m = 6.86\ \text{A}$ 和 $u_m = 11.29\ \text{V}$，将它们及 u_{rCu} 和 u_{rVo} 的值代入式(3-125)，可得

$$u(p_m) = 6.86 \times 11.29 \sqrt{5 \times (0.63\%)^2 + (1.83\%)^2} = 1.79$$

因此刷镀功率的测量不确定度为 1.79 W。

虚拟仪器间接测量不确定度评定需要解决"正问题"和"反问题"。其中正问题为已有仪器间接测量的不确定度评定或验证问题；反问题为虚拟仪器的设计问题，即在仪器间接测量不确定度给定的前提下，如何合理地给每个进行直接测量的虚拟仪器分配测量不确定度。本节为解决正反两个方面的问题提出了具体、可行的解决方法。

参 考 文 献

［1］ Jing X D. Evaluation of measurement uncertainties of virtual instruments [J]. The International Journal of Advanced Manufacturing Technology，2003(27)：1202－1210.

［2］ 荆学东.基于虚拟仪器的纳米颗粒复合电刷镀工艺过程自动化研究[D].上海：上海交通大学,2005.

［3］ 荆学东,吉涛,何凯,等.一种卧式圆柱度测量虚拟仪器的不确定度评估[J].陕西科技大学学报(自然科学版),2011,29(1)：121－124.

［4］ Walden R H. Analog-to-digital converter survey and analysis [J]. IEEE Journal on Selected Areas in Communication，1999,17(4)：539－550.

［5］ Pitas M S. Floating-point error analysis of two dimensional，fast Fourier transform algorithms [J]. IEEE Transactions on Circuits and Systems，1988,35(1)：112－115.

［6］ Kalliojarvi K，Astola J. Roundoff errors in block-floating-point system [J]. IEEE Transactions on Signal Processing，1996,44(4)：783－790.

［7］ 奥本海姆,刘树棠.信号与统计[M].北京：电子工业出版社,2013：69.

［8］ 沈君凤.基于线性卷积的圆周卷积快速算法[J].信息与电脑(理论版),2011(11)：183,185.

［9］ 李阳,荆学东,丁虎.传感器测量不确定度的卷积评定方法[J].船舶工程,2015,37(2)：93－96.

［10］ 范啸涛,季光明,何永斌.计算机浮点数算术运算的舍入误差研究[J].成都理工大学学报(自然科学版),2005,32(2)：213－216.

［11］ 曾孟雄.测量数据的舍入误差与有效数字[J].实用测试技术,1999(4)：41,45－47.

［12］ 荆学东,陈芷,张智慧,等.基于FFT的舍入不确定度评估[J].计量学报,2016,37(1)：105－107.

第4章 虚拟仪器的动态测量不确定度评定方法

当被测信号变化相对较快时,测量环节中的传感器和 ADC 所输出信号的幅值和相位与被测信号的频率有关,此时 GUM 中推荐的测量不确定度评定方法难以直接应用于这些环节的动态测量不确定度评定。对于仪器动态测量而言,测量结果的不确定度主要包括幅值不确定度和相位不确定度,它们与测量系统中每个环节的动态测量不确定度有关,而且它们之间不是线性关系,并具有时变性。研究虚拟仪器的动态测量不确定度要基于仪器各个测量环节的传递特性,这些环节可能是模拟系统如模拟量传感器,也可能是离散系统如 ADC 及算法,描述它们特性的工具是传递函数法和 Z 变换。本章基于传递特性,研究并提出了传感器和信号调理器的幅值不确定度和相位不确定度评定方法;也提出了动态测量场合算法的测量不确定度评定方法;以这些研究为基础,针对在动态测量场合,分别研究并提出了虚拟仪器直接测量和间接不确定度评定方法。

4.1 传感器的动态测量不确定度评定方法

在动态测量场合,传感器的输出随输入信号的变化而变化,特别是与输入信号的频率有关,所以传感器的动态测量不确定度与静态测量不确定度的分析方法不同。由于传递特性是反映系统的动态特性,因而可以借助传感器的传递特性分析它的测量不确定度。

4.1.1 传感器的动态特性分析

传感器动态特性就是传感器对动态输入(激励)的响应特性。如果一个传感器具有良好的动态特性,就表示该传感器的输出信号可以较准确、及时地反映或"跟踪"输入信号的变化。如果传感器的输出与输入有偏差,而且这种偏差随输入信号变化而变化,这种偏差称为动态误差。为了描述传感器的动态误差,需要建立数学模型,并依据该模型评定传感器的动态测量不确定度。

4.1.1.1　传感器的数学模型

如果某一传感器当输入量随时间变化时,其输出量无失真,即与输入量相比,输出量的幅值按比例变化,时间上延迟某一固定值,这种传感器称为理想传感器,它具有理想的动态特性。然而实际测量中的传感器因为惯性或阻尼等影响,传感器输出 $y(t)$ 除了与输入 $x(t)$ 有关外,还与输入量的速度 $\dfrac{dx}{dt}$ 和加速度 $\dfrac{d^2 x}{dt^2}$ 等有关。

在工程应用中,大部分传感器可以作为或近似作为线性时不变系统处理,因此通常可用线性时不变系统理论来描述传感器的动态特性。根据式(2-9),传感器输入量和输出量之间的关系在数学上可以用线性常系数微分方程来描述:

$$a_n \frac{d^n y}{dt^t} + a_{n-1} \frac{d^{n-1} y}{dt^{n-1}} + \cdots + a_1 \frac{dy}{dt} + a_0 y$$
$$= b_m \frac{d^m x}{dt^m} + b_{m-1} \frac{d^{m-1} x}{dt^{m-1}} + \cdots + b_1 \frac{dx}{dt} + b_0 x \tag{4-1}$$

式中　a_n,$\cdots$,a_0 与 b_m,$\cdots$,b_0——与系统结构无关的常数。

式(4-1)反映了传感器输入与输出之间的联系,但是式(4-1)并不能直观反映出传感器的动态特性,特别是传感器的输出随输入信号频率变化的情况,为此需要对它进行变换,其基本方法是利用拉普拉斯变换。利用拉普拉斯变换可以获得传感器的传递函数,进而确定其幅频特性和相频特性。

基于拉普拉斯变换,利用式(2-13)可以得到传感器的传递特性:

$$H(s) = \frac{Y(s)}{X(s)} = \frac{b_m s^m + b_{m-1} s^{m-1} + \cdots + b_0}{a_n s^n + a_{n-1} s^{n-1} + \cdots + a_0} \tag{4-2}$$

令 $s = j\omega$ 可以得到传感器的频率响应函数 $H(j\omega)$:

$$H(j\omega) = \frac{Y(j\omega)}{X(j\omega)} = \frac{b_m (j\omega)^m + b_{m-1} (j\omega)^{m-1} + \cdots + b_1 (j\omega) + b_0}{a_n (j\omega)^n + a_{n-1} (j\omega)^{n-1} + \cdots + a_1 (j\omega) + a_0} \tag{4-3}$$

由于频率响应 $H(j\omega)$ 是一个复数函数,所以可以将其表示为指数形式:

$$H(j\omega) = A(\omega)e^{j\varphi(\omega)} \qquad (4-4)$$

式中　$A(\omega)$——$H(j\omega)$的模,即 $A(\omega) = |H(j\omega)|$,它是系统的幅频特性;

　　　$\varphi(\omega)$——$H(j\omega)$的相位角,即 $\varphi(\omega) = \arctan H(j\omega)$,它是系统的相频
　　　特性。

　　工程上常用的系统是一阶系统和二阶系统,更高阶的系统一般可以用一阶系统和二阶系统的组合来表示。基于此原因,需要研究一阶系统和二阶系统的动态特性,作为分析更高阶测量系统动态特性的基础。

4.1.1.2　一阶传感器的动态特性分析

根据式(4-1),一阶系统的微分方程为

$$a_1 \frac{dy(t)}{dt} + a_0 y(t) = b_0 x(t) \qquad (4-5)$$

可将其改写为 $\dfrac{a_a}{a_0} \dfrac{dy(t)}{dt} + y(t) = \dfrac{b_0}{a_0} x(t)$,即

$$\tau \frac{dy(t)}{dt} + y(t) = Sx(t) \qquad (4-6)$$

式中　$\tau = \dfrac{\alpha_1}{\alpha_0}$——系统的时间常数,具有时间的量纲;

　　　$S = \dfrac{b_0}{a_0}$——系统的灵敏度,具有输出/输入的量纲。

　　从式(4-6)可以看出,对于一阶系统,灵敏度的作用是使输出量增大 S 倍,为便于分析,可以取 $S = 1$。

　　根据式(4-2)和式(4-4),可以得到一阶系统的传递函数、频率特性、幅频特性、相频特性,它们分别为

$$H(s) = \frac{1}{1 + \tau s} \qquad (4-7)$$

$$H(j\omega) = \frac{1}{1 + \tau(j\omega)} \qquad (4-8)$$

$$A(\omega) = \frac{1}{\sqrt{1 + (\omega\tau)^2}} \qquad (4-9)$$

$$\varphi(\omega) = -\arctan(\omega\tau) \qquad (4-10)$$

　　由幅频特性函数 $A(\omega)$ 和相频特性函数 $\varphi(\omega)$ 的表达式可知,时间常数 τ 反映了一阶系统的动态特性。根据函数 $A(\omega)$ 和函数 $\varphi(\omega)$ 的表达式,得到一阶系统的幅频特性曲线和相频特性曲线,如图 4-1 和图 4-2 所示。

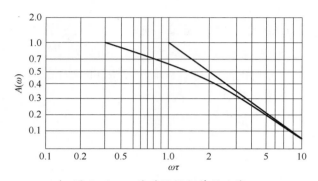

图 4-1　一阶系统幅频特性曲线

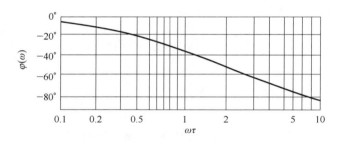

图 4-2　一阶系统相频特性曲线

　　由图 4-1 和图 4-2 可以看出,如果系统中的时间常数 τ 很小,则该系统的频率特性曲线的线性度就越好,系统的动态特性则更为理想。

4.1.1.3　二阶传感器的动态特性分析

根据式(4-1),二阶系统的微分方程为

$$a_2 \frac{\mathrm{d}^2 y(t)}{\mathrm{d}t^2} + a_1 \frac{\mathrm{d}y(t)}{\mathrm{d}t} + a_0 y(t) = b_0 x(t) \qquad (4-11)$$

可将其改写为

$$\frac{\mathrm{d}^2 y(t)}{\mathrm{d}t^2} + 2\xi\omega_n \frac{\mathrm{d}y(t)}{\mathrm{d}t} + \omega_n^2 y(t) = S\omega_n^2 \frac{b_0}{a_0} x(t) \qquad (4-12)$$

其中，$\omega_n = \sqrt{\dfrac{a_0}{a_2}}$，表示系统的固有频率；$\xi = \dfrac{a_1}{2\sqrt{a_2 a_0}}$，表示系统的阻尼比；

$S = \dfrac{b_0}{a_2}$。

令 $S = 1$，根据式(4-12)可以求得二阶系统的传递函数、频率特性、幅频特性、相频特性表达式：

$$H(s) = \frac{\omega_n^2}{s^2 + 2\xi s + \omega_n^2} \qquad (4-13)$$

$$H(j\omega) = \frac{1}{1 - \left(\dfrac{\omega}{\omega_n}\right)^2 + 2j\xi\dfrac{\omega}{\omega_n}} = A(\omega)e^{j\varphi(\omega)} \qquad (4-14)$$

$$A(\omega) = \frac{1}{\sqrt{\left(1 - \left(\dfrac{\omega}{\omega_n}\right)^2\right)^2 + 4\xi^2\left(\dfrac{\omega}{\omega_n}\right)^2}} \qquad (4-15)$$

$$\varphi(\omega) = -\arctan\frac{2\xi\dfrac{\omega}{\omega_n}}{1 - \left(\dfrac{\omega}{\omega_n}\right)^2} \qquad (4-16)$$

由式(4-15)和式(4-16)可以确定二阶系统的幅频特性和相频特性曲线，如图 4-3 和图 4-4 所示。

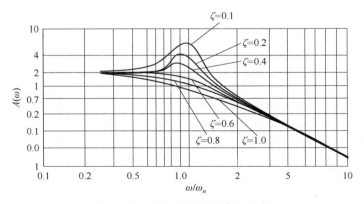

图 4-3　二阶系统幅频特性曲线

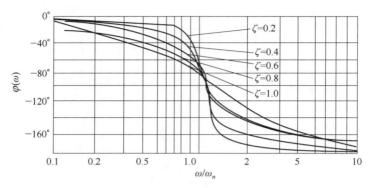

图 4 - 4　二阶系统相频特性曲线

从图 4 - 3 和图 4 - 4 可以看出,如果参数 $\xi < 1$, $\omega_n \geqslant \omega$,则 $A(\omega) \approx 1$,幅频特性曲线比较平缓,输入函数与输出函数之间的关系可以近似认为是线性的。所以在设计和选用传感器时,应控制其阻尼比小于 1,固有频率 ω_n 是被测信号频率的 3 ~ 5 倍,从而可以使之更精确及时地跟随被测信号的变化。

4.1.2　基于频率特性的传感器动态不确定度评定

4.1.2.1　传感器的动态测量不确定度来源

传感器的输入为动态信号时,传感器的频率特性反映了输入输出信号之间幅值和相位的变化。由传感器的频率特性,输出信号出现幅值的衰减和相位的滞后,这使得在动态测量过程中就产生了测量误差。凡是影响传感器幅频和相频特性的因素都是传感器动态测量不确定度来源,但这些因素的作用结果是通过幅频和相频特性的变化反映出来,因此需要评定幅频不确定度和相频不确定度。

4.1.2.2　传感器频率特性的拟合[1]

如果传感器的传递函数已知,则直接可以根据传递函数的特性研究其频率特性,进而评定动态测量不确定度;如果传感器的传递函数未知,且不能确定传感器为几阶系统时,则需要根据传感器的频率特性曲线,对 $A(\omega)$ 和 $\varphi(\omega)$ 进行拟合,进而研究其动态测量不确定度。

如图 4 - 5 所示,对于一般传感器的幅频特性曲线,可采用分段拟合的方法。分段拟合的主要依据是曲线的导数变化率,即导数变化相近的可以分在同一段,具体方法如下:

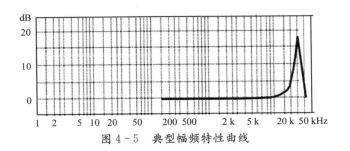

图 4 - 5　典型幅频特性曲线

（1）根据幅频特性曲线的整个频率区间，选取 n 个频率点，且应使选取的点尽可能均匀分布于图线的 x 轴并包含拐点，并确定每一个点坐标值。

（2）在图中将所取点依次以折线相连，得到 $n-1$ 条线段，计算每条线段的斜率 k_1，k_2，…，k_{n-1}。

（3）根据斜率值对 n 个频率点进行分段，将斜率相近的线段两端点编入同一组，将所有选出的频率点分组。

（4）利用每一组的点的数据进行拟合，作为 $A(\omega)$ 的表达式。

同理，利用先分段后拟合的办法可以获得传感器相频特性曲线。在获得幅频特性函数和相频特性函数后，即可对动态测量不确定度进行评定。

4.1.2.3　基于传感器幅频特性的测量不确定度评定

幅频特性 $A(\omega)$ 代表输出函数与输入函数的幅值的比值与信号频率的关系，若已知信号频率，便能根据 $A(\omega)$ 确定信号幅值的偏差。

设信号频率为 ω 时，幅值的输出相对于输入的最大相对误差是

$$\sigma = \mid A(\omega) - 1 \mid \tag{4-17}$$

设输入信号频率为 ω，其相应的幅值为 A_0，在当前信号频率下，幅值的绝对误差的最大值为

$$\sigma_A = \sigma A_0 = A_0 \mid A(\omega) - 1 \mid \tag{4-18}$$

如图 4 - 6 所示，σ_A 是根据幅频特性计算而得，作为当前输入信号下，动态输出信号的幅值因为发生衰减而产生的最大误差区间宽度。传感器输出信号的幅值的取值都将落在这一区间内，即误差的取值范围是 $[-\sigma_A, 0]$。

假定测量值落在区间中位置的概率相同，且已经知道了被测量的上限和下限，则被测量的分布可以假设服从均匀分布。本书已知幅值的取值区间，即

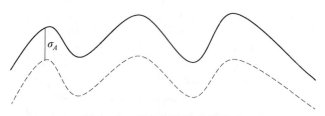

图 4-6 动态信号幅值的衰减

已知被测量值的上限和下限;区间宽度为 σ_A,因此 $\dfrac{\sigma_A}{2}$ 为区间半宽;被测量值在区间任何位置可能性是一样的,因此可以假设其满足均匀分布,置信因子 $k = \sqrt{3}$。依据式(1-4),以测量不确定度评定 B 类方法评定传感器动态测量中的幅值不确定度:

$$u_A = \frac{\sigma_A}{2k} = \frac{A_0 \mid A(\omega) - 1 \mid}{2\sqrt{3}} \tag{4-19}$$

4.1.2.4 基于传感器相频特性的测量不确定度评定

相频特性函数 $\varphi(\omega)$ 的拟合方法与幅频特性的拟合方法类似,同样可以使用分段拟合方法来获得拟合曲线。

因为 $\varphi(\omega)$ 表征某一频率 ω 下,输出信号相对于输入信号的相位滞后,即相位的绝对误差。可以假设输出信号的相位取值服从均匀分布,则置信因子 $k = \sqrt{3}$,相位的取值区间半宽为 $\dfrac{\varphi(\omega)}{2}$,根据式(1-4),采用测量不确定度评定 B 类方法评定传感器动态测量中相位的不确定度:

$$u_P = \left| \frac{\varphi(\omega)}{2\sqrt{3}} \right| \tag{4-20}$$

式(4-19)和式(4-20)中的 u_A 和 u_P 即为传感器动态测量时,信号的幅值不确定度和相位不确定度。根据它们的评定过程,可以评价传感器动态测量精度与动态信号频率之间的关系。在已知信号的频率和传感器传递函数或频率特性的情况下,可以利用该方法较为直接而简便地评定动态测量不确定度。这种评定方法适用性广,没有太多的限制条件,因此可以作为评定动态测量不确定度的一种通用方法。利用该方法,可以根据传感器的性能参数,快速判断出该种传感器在哪个频率范围内测量不确定度较小、测量精度较高,并给出最适合该种传感器测量的频率宽度。

4.1.3 实例：CA - YD - 106 加速度传感器的测量不确定度评定[1]

CA - YD - 106 加速度传感器的主要技术指标见表 4 - 1。

表 4 - 1 CA - YD - 106 加速度传感器的主要技术指标

技术指标	数　值
灵敏度(20 ℃±5 ℃)	25 pC/g
测量范围(峰值)	2 000 g
最大横向灵敏度	≤5%
频率响应(±5%)	0.5～12 000 Hz
安装谐振频率	40 000 Hz
工作温度范围	−20～120 ℃
温度响应	见温度曲线
瞬态温度	0.1 g/℃(0.3 Hz)
磁灵敏度	3 g/T
基座应变	0.8 g/με
基座隔离	>10^9 Ω
电容	1 500 pF
敏感材料	压电陶瓷
结构设计	中心压缩
壳体材料	不锈钢
重量	15 g
输出方式	顶端 L5
传感器合格证	标定参数、频响曲线

1) 幅值不确定度评定

图 4 - 7 为生产厂家提供的幅频特性曲线。评定传感器所检测信号幅值的

不确定度,需要利用第 4.1.2 节所述分段拟合的方法对幅频特性曲线进行拟合。

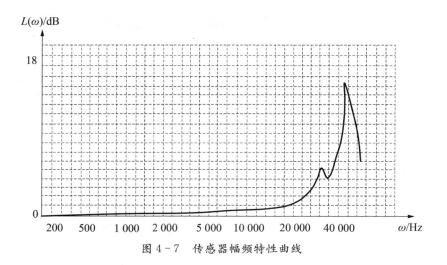

图 4-7　传感器幅频特性曲线

根据传感器说明书给出的幅频特性曲线(伯德图),计算传感器的幅频特性的表达式。伯德图的纵坐标为 $L(\omega)$,它与 $A(\omega)$ 的关系为

$$L(\omega) = 20 \lg A(\omega) \tag{4-21}$$

由图 4-7 的传感器幅频特性曲线难以判断它是几阶系统,因此根据曲线的导数变化率,对它采用了分段拟合的办法。在频率 200~50 000 Hz 的范围内,幅频特性的拟合结果见表 4-2。

表 4-2　传感器幅频特性曲线拟合结果

频率 ω 范围/Hz	拟合结果/°
200~1 500	$L(\omega) = 8.877 \times 10^{-7} \times e^{0.007\,755\omega}$
1 500~10 000	$L(\omega) = -7.41 \times 10^{4} + 7.41 \times 10^{4} \times \cos 3.796 \times 10^{-7}\omega$ $+ 314 \times \sin 3.796 \times 10^{-7}\omega$
10 000~30 000	$L(\omega) = 0.320\,8 \times e^{6.167 \times 10^{-5}\omega}$
30 000~40 000	$L(\omega) = 0.514\,5 \times e^{4.608 \times 10^{-5}\omega}$
40 000~50 000	$L(\omega) = 0.006\,122 \times e^{0.000\,156\,9\omega}$

可以根据 $L(\omega)$ 计算 $A(\omega)$，即

$$A(\omega) = 10^{\frac{L(\omega)}{20}} \qquad (4-22)$$

传感器输入信号幅值 $A_0 = 20\ \text{mV}$，根据式(4-19)计算不同频段下该加速度传感器动态测量幅值不确定度 u_{am}，见表4-3。

表4-3 不同频率段的传感器幅值不确定度 u_{am}

频率 ω 范围/Hz	幅值测量不确定度 u_{am}/mV
$200 \sim 1\ 500$	$2.785 \times 10^{-6} \sim 0.066\ 85$
$1\ 500 \sim 10\ 000$	$0.066\ 85 \sim 0.412\ 9$
$10\ 000 \sim 30\ 000$	$0.412\ 9 \sim 1.536\ 8$
$30\ 000 \sim 40\ 000$	$1.536\ 8 \sim 2.629\ 9$
$40\ 000 \sim 50\ 000$	$2.629\ 9 \sim 29.015\ 3$

2) 相位不确定度评定

同样，评定该传感器的相位不确定度分量也需要借助传感器的相频特性函数。

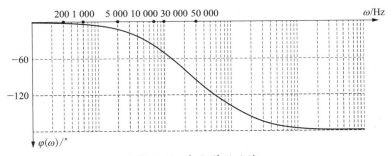

图4-8 相频特性曲线

图4-8是该传感器的相频特性曲线，同样应用第4.1.2节的方法，根据曲线的导数变化率对其采用了分段拟合的办法。在频率 $200 \sim 50\ 000\ \text{Hz}$ 的范围内，相频特性的拟合结果见表4-4。

表 4-4　传感器相频特性曲线拟合结果

频率 ω 范围/Hz	拟合结果/°
200～1 500	$\varphi(\omega) = 7.461 \times 10^6 - 7.461 \times 10^6 \cos(-3.463 \times 10^{-7} x) +$ $7\,481 \sin(-3.463 \times 10^{-7} x)$
1 500～10 000	$\varphi(\omega) = -3.631 \times 10^7 + 3.631 \times 10^7 \cos(9.753 \times 10^{-8} x) +$ $135.2 \sin(9.753 \times 10^{-8} x)$
10 000～30 000	$\varphi(\omega) = -10.59 + 25.68 \cos(1.664 \times 10^{-4} x) -$ $27.18 \sin(1.664 \times 10^{-4} x)$
30 000～40 000	$\varphi(\omega) = -43.09 e^{6.12 \times 10^{-6} x}$
40 000～50 000	$\varphi(\omega) = -99.12 e^{\frac{x - 5.407 \times 10^4}{5.986 \times 10^4}}$

根据式(4-20)可得不同频段下,该种传感器动态测量时的相位不确定度 u_{ph} 见表 4-5。

表 4-5　不同频率段的传感器相位不确定度 u_{ph}

频率 ω 范围/Hz	相频测量不确定度 u_{ph}
200～1 500	0.94°～1.64°(0.017～0.029 rad)
1 500～10 000	1.64°～2.34°(0.029～0.041 rad)
10 000～30 000	2.34°～13.76°(0.041～0.24 rad)
30 000～40 000	13.76°～14.98°(0.24～0.26 rad)
40 000～50 000	14.98°～28.09°(0.26～0.49 rad)

如果传感器的幅频特性和相频特性表达式已知,则可以结合其概率分布,采用不确定度 B 类评定方法确定传感器的幅值和相位不确定度。在传感器的幅频特性和相频特性表达式未知的情况下,需要对幅频特性曲线和相频特性曲线进行分段拟合,利用拟合所得的频率特性函数计算出传感器在动态测量时的幅值衰减和相位滞后,在假定幅频特性曲线和相频特性曲线概率分布的情况下,利用不确定度 B 类评定方法,评定传感器的动态测量不确定度。

4.2　信号调理器的动态测量不确定度评定方法

当信号调理器输入的是动态信号时,描述信号调理器动态特性的工具是传递函数,具体指标包括幅频特性和相频特性,其动态测量不确定度评定可以借鉴第 4.1 节进行。

4.3　ADC 的动态测量不确定度评定方法

当传感器的输出信号为模拟信号时,它不能直接传输给计算机进行计算分析,因为计算机的位数有限,不能处理连续信号,因此需要利用 ADC 对信号进行采集和模数转换,使之成为计算机可以处理的离散数字信号。对 ADC 的动态测量不确定度评定,需要用到离散系统理论。

4.3.1　ADC 的主要动态性能参数

由第 2.4.3 节可知,ADC 主要动态性能参数包括信噪比、噪声系数、信纳比、有效位、总谐波失真和无杂散动态范围,它们分别由式(2-24)、式(2-25)、式(2-27)、式(2-28)、式(2-31)和式(2-32)确定。

4.3.2　基于 Z 变换的 ADC 动态测量不确定度评定方法

4.3.2.1　Z 变换理论

由于 ADC 的功能是把连续信号变成离散的数字信号,为了描述这一过程,需要研究离散系统的性质。离散系统在时域的主要数学模型是差分方程,然而差分方程的求解比较困难,因此实际分析中可以将其转化形式较为简单的频域数学模型——代数方程,其主要的转换方法为 Z 变换。

设连续函数 $e(t)$,对其进行拉普拉斯变换,可得

$$E(s) = \int_0^\infty e(t)\mathrm{e}^{-st}\,\mathrm{d}t \tag{4-23}$$

由于 $t < 0$ 时,$e(t) = 0$,故上式亦可写为

$$E(s) = \int_{-\infty}^\infty e(t)\mathrm{e}^{-st}\,\mathrm{d}t \tag{4-24}$$

对于 $e(t)$ 的采样信号 $e^*(t)$,设采样周期为 T,其表达式为

$$e^*(t) = \sum_{n=0}^{\infty} e(nt)\delta(t-nT) \qquad (4-25)$$

对采样信号 $e^*(t)$ 进行拉普拉斯变换，可得

$$E^*(s) = \int_{-\infty}^{\infty} e^*(t)e^{-st}\,dt = \int_{-\infty}^{\infty} \left[\sum_{n=0}^{\infty} e(nT)\delta(t-nT)\right]e^{-st}\,dt$$
$$= \sum_{n=0}^{\infty} e(nT)\int_{-\infty}^{\infty} \delta(t-nT)e^{-st}\,dt \qquad (4-26)$$

由广义脉冲函数的筛选性质 $\int_{-\infty}^{\infty}\delta(t-nT)f(t)\,dt = f(nT)$ 可得

$$\int_{-\infty}^{\infty}\delta(t-nT)e^{-st}\,dt = e^{-snT} \qquad (4-27)$$

故采样信号的拉普拉斯变换为

$$E^*(s) = \sum_{n=0}^{\infty} e(nT)e^{-snT} \qquad (4-28)$$

上式是关于 s 的超越函数，无法进行直接计算。由于各项均含有 e^{sT} 因子，因此为便于计算，定义 $z=e^{sT}$ 为复平面上的一个复变量，称为 Z 变换算子，因此可以得到采样信号 $e^*(t)$ 的 Z 变换为

$$E(z) = Z[e^*(t)] = \sum_{n=0}^{\infty} e(nT)z^{-n} \qquad (4-29)$$

4.3.2.2　离散系统的数学模型

在离散系统理论中，数字信号一般用序列表示，因此对离散系统的数学模型可以定义为，将输入序列 $r(n)$，$n=0,\pm1,\pm2,\cdots$ 通过数学变换转换为输出序列 $c(n)$，即

$$c(n) = F[r(n)] \qquad (4-30)$$

式中　T——采样周期；

$\quad\quad r(n)$——时间 $t=nT$ 时，系统的输入序列 $r(nT)$；

$\quad\quad c(n)$——时间 $t=nT$ 时，系统的输出序列 $c(nT)$。

如果式(4-30)所示的变换关系是线性的，则称为线性离散系统。与连续系统类似，线性离散系统中，脉冲传递函数表示了输出相较于输入信号之间的变化关系，对研究参数变化对系统性能的影响有重要作用，因此成为研究离散

系统的重要方法。

在连续系统中,输出与输入量的拉氏变换的比值即为传递函数,而对于线性离散系统,脉冲传递函数与传递函数的作用有着相似之处。

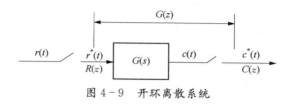

图 4-9　开环离散系统

图 4-9 为一种开环离散系统的结构框图,设它的 $G(z)$ 初始条件为零(即 $t < 0$ 时,输入脉冲序列各采样值及输出脉冲序列各采样值均为 0),输入信号为 $r(t)$,采样后 $r^*(t)$ 的 Z 变换为 $R(z)$,系统的连续部分输出为 $c(t)$,采样后 $c^*(t)$ 的 Z 变换为 $C(z)$,则该开环离散系统的脉冲传递函数就是系统的输出采样信号与输入采样信号取 Z 变换后的比值,即

$$G(z) = \frac{C(z)}{R(z)} = \frac{\sum_{n=0}^{\infty} c(nT)z^{-n}}{\sum_{n=0}^{\infty} r(nT)z^{-n}} \tag{4-31}$$

与传递函数类似,对于离散系统,只要知道了脉冲传递函数及输入采样信号,即可求出输出采样信号。

4.3.2.3　基于脉冲传递函数的理想输入信号的 ADC 不确定度评定

在已知 ADC 结构图形式的情况下,根据输入序列与输出序列的 Z 变换,计算 ADC 的脉冲传递函数 $G(z)$。计算脉冲传递函数需要针对具体的结构图,假设一种 ADC 的结构如图 4-10 所示。

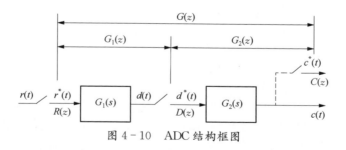

图 4-10　ADC 结构框图

图 4-10 中，$G_1(s)$ 可以视为量化环节，$G_2(s)$ 可以视为编码环节，输入的采样后的离散信号经过量化和编码成为输出的数字信号。根据结构框图和脉冲传递函数定义可得

$$C(z) = G_2(z)D(z) \tag{4-32}$$

上式中，$G_1(z)$ 和 $G_2(z)$ 分别为 $G_1(s)$ 和 $G_2(s)$ 的 Z 变换形式，因而有

$$C(z) = G_2(z)G_1(z)R(z) \tag{4-33}$$

从而该 ADC 的系统脉冲传递函数为

$$G(z) = \frac{C(z)}{R(z)} = G_1(z)G_2(z) \tag{4-34}$$

由第 4.1.1 节的内容可知，拉普拉斯变换式转换为 Z 变换形式时，取 $z = \mathrm{e}^{sT}$；当取 $s = \lg\left(\dfrac{z}{T}\right)$，可将 $G(z)$ 转换为拉普拉斯变换式 $G(s)$。

对脉冲传递函数取单边傅里叶变换，将 $G(s)$ 转换为 $G(\mathrm{j}\omega)$，就获得 ADC 的频率响应函数，它表示的是 ADC 的信号传递特性在频域中的描述。

通常，频率特性 $G(\mathrm{j}\omega)$ 是一个复数函数，将其用指数形式表示为

$$G(j\omega) = A_G(\omega)\mathrm{e}^{j\varphi_G(\omega)} \tag{4-35}$$

式中 $A_G(\omega)$——ADC 的幅频特性，其值为 $A_G(\omega) = |G(\mathrm{j}\omega)|$；

$\varphi_G(\omega)$——ADC 的相频特性，其值为 $\varphi_G(\omega) = \arctan G(\mathrm{j}\omega)$。

幅频特性 $A_G(\omega)$ 与相频特性 $\varphi_G(\omega)$ 分别表征的是输出与输入序列的幅值与相位变化与频率的关系。设 ADC 输入信号的幅值为 A_0，被测量值在区间任何位置概率相同，则置信因子 $k = \sqrt{3}$，根据式(1-4)，采用测量不确定度评定 B 类方法评定 ADC 的幅值不确定度与相位不确定度，它们分别为

$$u_A = \frac{A_0 \, |A_G(\omega) - 1|}{2\sqrt{3}} \tag{4-36}$$

$$u_\varphi = \left| \frac{\varphi_G(\omega)}{2\sqrt{3}} \right| \tag{4-37}$$

4.3.2.4   基于实际输入信号的 ADC 动态测量不确定度评定模型

ADC 的动态性能决定于模拟元件的频率响应和速度，当信号的频率带宽与转换速率较高时，ADC 的动态性能对精度影响很大。因此在评定 ADC 的动

态测量不确定度时,需要考虑 ADC 的动态性能参数,这些参数主要包括噪声系数、信噪比、信噪失真比、有效位、总谐波失真、无杂散动态范围等。

在 ADC 的动态性能参数中,噪声和谐波是这些参数主要描述的对 ADC 精度造成影响的因素。因此 ADC 的动态测量不确定度的主要来源为噪声和谐波。噪声的主要来源是量化,谐波则是因为系统的不完全线性引起的,与信号频率有关。因此可以根据 ADC 转换过程中的噪声和谐波,利用 Z 变换计算 ADC 的脉冲传递函数,然后对虚拟仪器的测量不确定度进行评定。

在现有的研究中,对 ADC 动态测量不确定度的分析大多是单独分析 ADC 本身的动态性能,且输入信号也是理想信号。实际上传感器的输出信号包含了被测信号的动态误差,因此 ADC 的输入信号并不只是理想信号,而是带有幅值和相位误差的动态信号。在建立 ADC 动态测量不确定度模型时,必须考虑传感器动态测量误差同样经过 A/D 转换后对最终测量结果的影响。ADC 的动态测量不确定度评定模型如图 4 - 11 所示。

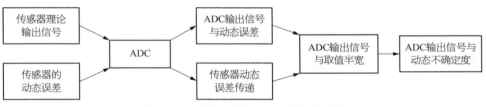

图 4 - 11　ADC 测量不确定度评定模型

因为采样和量化将无限精度的信号转化为有限字长,也就产生了量化误差。因为量化误差的存在,输出信号有了噪声的影响;同时,现实中的系统不可能是完全线性的,因此测量过程中难免产生谐波。量化误差和谐波即为 ADC 动态测量不确定度的来源。

1) ADC 的量化误差

首先对 ADC 的量化过程进行分析,设 $e(n)$ 表示量化误差,$X(n)$ 为没有量化误差的采样序列数字信号(无限精度),系统对 $X(n)$ 进行量化处理,用 $x(n)$ 表示量化编码后的信号,即有

$$X(n) = x(n) + e(n) \tag{4 - 38}$$

其中,$x(n)$ 为有用信号,量化误差 $e(n)$ 与噪声类似。在对抽样模拟信号进行分析时,可以把量化噪声作为加性噪声序列处理,量化过程就是理想信号与量

图 4-12 ADC 量化模型

化噪声的混杂。因此整个量化过程的模型可以视为在信号序列经过量化处理的理想 ADC 后,引入了噪声 $e(n)$,如图 4-12 所示。

由第 2.4.3 节可知 ADC 的量化误差的影响因素。目前常用的大多数 ADC 采用定点制,尾数处理多为舍入法,因此对于极性信号,若 ADC 有 $b+1$ 位,信号的满量程为 R,量化步阶 $q=\dfrac{R}{2^b}$,则量化误差的取值为

$$-\frac{q}{2}<e(n)<\frac{q}{2} \tag{4-39}$$

虽然通过对 ADC 的位数可以计算 $e(n)$ 的取值范围,但并不能确定它的函数关系和分布情况。在通常的分析计算中,一般为简化分析,可以对该模型做如下假设:$e(n)$ 为白噪声序列;$e(n)$ 与 $x(n)$ 不相关;$e(n)$ 在自己的取值范围内取均匀分布。则噪声 $e(n)$ 的概率密度曲线如图 4-13 所示。

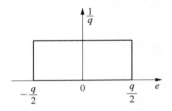

图 4-13 噪声 $e(n)$ 的 概率密度

噪声 $e(n)$ 的统计平均值为 0,平均功率(均方根)为

$$p_{\text{noise}}=\sqrt{\frac{q^2}{12}}=\frac{q}{2\sqrt{3}} \tag{4-40}$$

输出信号的平均功率 p_{signal} 与噪声型号的平均功率 p_{noise} 之比称为信噪比 $\dfrac{S}{N}$:

$$\frac{S}{N}=\frac{p_{\text{signal}}}{p_{\text{noise}}} \tag{4-41}$$

根据式(2-24),信噪比 SNR 用分贝数可以表示为

$$\text{SNR}=10\lg\frac{p_{\text{signal}}}{p_{\text{noise}}} \tag{4-42}$$

2)ADC 中失真信号的模型

因为确定 ADC 的脉冲传递函数需要综合考虑量化误差和谐波失真,因此需要用它们来表示 ADC 的输出序列。设 ADC 的输入信号为理想信号 $x(t)$,

输出的离散序列为 $X(n)$，其中有效序列为 $x(n)$。根据式(2−30)可以将 $X(n)$ 写成谐波的形式：

$$X(n) = \sum_{k=1}^{p} A_k \sin[\omega_k(nT) + \varphi_k] + n(n), \; t = 1, 2, \cdots \quad (4-43)$$

式中　　$n(n)$——信号中的噪声成分，因为 ADC 的噪声来源为量化噪声，即 $n(n) = e(n)$。

根据上述假设，$e(n)$ 满足均匀分布。为便于计算，不妨假设 $e(n)$ 在整个采样过程中为线性函数。如果整个采样过程持续了 N 个采样周期，$e(n)$ 最小值为 $-\dfrac{q}{2}$，最大值为 $\dfrac{q}{2}$，则 $e(n)$ 的表达式为

$$e(n) = \frac{q}{N}n - \frac{q}{2} \quad (4-44)$$

式(4−43)中的 $A_k \sin[\omega_k(nT) + \varphi_k]$ 为谐波成分，$k=1$ 时表示基波。谐波信号为正弦信号，其幅值为 A_k，因此单一谐波 ω_k 信号的均方根为 $\dfrac{A_k}{\sqrt{2}}$，而信号基波 G_1 的均方根为 $\dfrac{A_1}{\sqrt{2}}$。于是根据式(2−31)可以求得总谐波失真(不大于特定阶数 H 的所有谐波分量有效值之比的方和根)为

$$\mathrm{THD} = 10 \lg \left(\frac{\displaystyle\sum_{k=2}^{H} \frac{A_k}{\sqrt{2}}}{\dfrac{A_1}{\sqrt{2}}} \right) \quad (4-45)$$

在通过应用软件对 ADC 的性能测量过程中，可以指定某一次谐波分量对其平均功率进行计算。因此根据 ADC 和虚拟仪器测量结果的总谐波失真和指定谐波的值，可以计算出 A_k 的值。

3) ADC 的动态测量不确定度评定

在 ADC 性能的评定方法中，确定了噪声和谐波分量的均方根之后，可以根据它们计算信纳比或信噪失真比，以此来评定 ADC 的动态性能。设 δ_x 为输出信号的平均功率，δ_n 为噪声平均功率，δ_h 为谐波信号平均功率，于是根据式(2−27)可得信纳比 SINAD 为

$$\mathrm{SINAD} = \frac{\delta_x}{\delta_n + \delta_h} = \frac{\delta_n + \sum\limits_{k=1}^{H} \dfrac{A_k}{\sqrt{2}}}{\delta_n + \sum\limits_{k=2}^{H} \dfrac{A_k}{\sqrt{2}}} \tag{4-46}$$

虽然 SINAD 是利用各信号分量的均方根的关系评定了输出信号的失真程度,反映了 ADC 的动态性能,但是这一参数在评定过程中并没有兼顾到动态测量的随机性,也就无法对输出信号的实际分散性给予测试。因此上述这种对动态性能的评价方式并不完善,而以不确定度进行性能评定就有一定的优势。

根据式(4-43)给出的输出序列表达式,对输出序列 $X(n)$ 和输入信号 $x(t)$ 取 Z 变换,计算 ADC 的脉冲传递函数:

$$G(z) = \frac{X(z)}{x(z)} = \frac{e(z) + \sum\limits_{n=0}^{\infty} \left(\sum\limits_{k=1}^{H} A_k \dfrac{z \sin \omega n T}{z^2 - 2z \cos \omega n T + 1} \right)}{x(z)} \tag{4-47}$$

式中 T——ADC 的采样周期。

根据第 4.3.2 节所述,通过单边傅里叶变换,可以将 $G(z)$ 转化为 $G(\mathrm{j}\omega) = A_G(\omega) \mathrm{e}^{\mathrm{j}\varphi_G(\omega)}$,即获得了频率响应。

与第 4.2 节所述评定传感器测量不确定度的内容相似,幅频特性 $A_G(\omega)$ 表示的是输入输出信号幅值比与频率的关系,$\varphi_G(\omega)$ 表征输入输出信号的相位差与频率的关系。设输入信号的幅值为 A_{in},根据前文所述方法计算信号取值的区间半宽,假设输出信号的幅值和相位满足均匀分布,利用不确定度 B 类评定方法,ADC 的幅值不确定度 u_{am} 与相位不确定度 u_{ph} 分别为

$$u_{am} = \frac{A_{\mathrm{in}} |A_G(\omega) - 1|}{2\sqrt{3}} \tag{4-48}$$

$$u_{ph} = \left| \frac{\varphi_G(\omega)}{2\sqrt{3}} \right| \tag{4-49}$$

在实际测量过程中,因为传感器的输出信号作为 ADC 的输入信号,传感器检测信号所产生的动态误差 σ_A 必然会对 ADC 不确定度评定产生影响。因此在评定 ADC 的动态测量不确定度时必须考虑 σ_A,如图 4-6 所示。

在考虑对 ADC 输入信号进行量化时,因为 σ_A 也是传感器输出信号的一部分,因此可以将 σ_A 也视为模拟信号。在对 ADC 输入信号进行采样、量化、

编码的过程中，σ_A 作为输入信号的一部分，对信号的幅值产生了影响，于是也就影响了量化步阶和量化误差。

根据第 4.1.2.3 节的分析，动态误差 σ_A 是传感器输出信号的取值区间宽度，因此实际上 ADC 的输入信号为 $x(t)+\sigma_A$，在进行量化时，它的满量程应为 $R'=R+\sigma_A$，根据式（2-19），量化阶 $q'=\dfrac{R'}{2^b}$，于是动态误差 σ_A 的量化误差为

$$-\frac{q'}{2}<e'(n)<\frac{q'}{2} \qquad (4-50)$$

因此输出信号可以表示为

$$
\begin{aligned}
X(n) &= \sum_{k=1}^{H} A_k \sin[\omega_k(nT)+\varphi_k]+n(n) \\
&= \sum_{k=1}^{H} A_k \sin[\omega_k(nT)+\varphi_k]+\sigma_A+e'(n),\ t=1,2,\cdots
\end{aligned} \qquad (4-51)
$$

ADC 的脉冲传递函数为

$$G(z)=\frac{X(z)}{x(z)}=\frac{e'(z)+\sum\limits_{n=0}^{\infty}\left(\sum\limits_{k=1}^{H} A_k \dfrac{z\sin\omega nT}{z^2-2z\cos\omega nT+1}\right)}{x(z)} \qquad (4-52)$$

根据上述方法，利用由 Z 变换表示的脉冲传递函数获得频率响应的表示形式，再根据频率特性表达的幅频特性 $A_G(\omega)$ 和相频特性 $\varphi_G(\omega)$，计算输入输出信号幅值与相位的变化。

因为信号在经过传感器的环节后已经有了相位变化，因此在评定 ADC 测量不确定度时，必须考虑传感器产生的相位变化。因此 ADC 的输出信号与传感器的输入信号相比，信号总的相位差为 $\varphi_G(\omega)+\varphi(\omega)$。

于是 ADC 的幅值不确定度 u_{am} 与相位不确定度 u_{ph} 分别为

$$u_{am}=\frac{A_{\mathrm{in}}\,|\,A_G(\omega)-1\,|}{2\sqrt{3}} \qquad (4-53)$$

$$u_{ph}=\left|\frac{\varphi_G(\omega)+\varphi(\omega)}{2\sqrt{3}}\right| \qquad (4-54)$$

4.3.2.5　实例：NI-PXIe-6368 数据采集卡的动态测量不确定度评定

实验设备：加速度传感器、激振器、电荷放大器、NI-PXIe-6368 采集卡、PC 机。

加速度传感器型号：CA－YD－106 加速度传感器。

数据采集卡：NI－PXIe－6368 是 NI（National Instruments）公司的一种高性能同步数据采集卡。该采集卡主要技术如下：2MS/s 通道下 16 路、16 位分辨率同步模拟输入，每通道自带 ADC；4 路 16 位分辨率输出；4 路 32 位计时器，可以针对 PWM、编码器、频率、事件计数；支持多种操作系统。

利用相关实验器件开发的应用程序如图 4－14 所示。激振器发出一个正弦信号，通过加速度传感器进行信号检测，利用数据采集卡对信号进行采样，然后转换为数字信号，最后将采集到的数字信号在虚拟仪器的前端界面上显示。

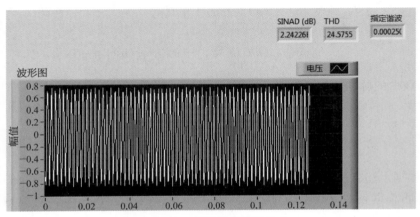

图 4－14　虚拟仪器前端界面

该应用程序不仅能获取输出信号的波形图，具有失真分析功能，可以计算 SINAD、THD 及指定谐波。因为在信号处理中，10 次以后的谐波分量通常可以忽略，因此指定谐波为 2～10 次谐波项，通过虚拟仪器采集的谐波功率见表 4－6。

表 4－6　指定谐波采集

采集次数	谐波功率/dB	采集次数	谐波功率/dB
1	1.978×10^{-4}	4	2.153×10^{-4}
2	3.440×10^{-4}	5	2.596×10^{-4}
3	2.726×10^{-4}	6	3.221×10^{-4}

采集次数	谐波功率 /dB	采集次数	谐波功率 /dB
7	2.055×10^{-4}	14	2.938×10^{-4}
8	1.921×10^{-4}	15	1.766×10^{-4}
9	2.041×10^{-4}	16	2.341×10^{-4}
10	1.602×10^{-4}	17	1.812×10^{-4}
11	1.753×10^{-4}	18	1.541×10^{-4}
12	1.827×10^{-4}	19	2.297×10^{-4}
13	2.286×10^{-4}	20	2.276×10^{-4}

由 NI－PXIe－6368 数据采集卡产品说明书可知，ADC 与数据采集卡的输入输出位数为 16 位，因此 $b+1=16$，$b=15$。已知信号的幅值 $A_0 = 1\ \mathrm{mV}$，则 $R = 2A_0$，ADC 的输入信号为 $x(t) + \sigma_A$，在进行量化时，它的满量程为 $R' = R + \sigma_A$，量化步阶 $q' = \dfrac{R'}{2^b}$。

实验单次测量一共进行了 30 s，共有 $N = 120\,000$ 个采样周期。由式 (4-44) 可得量化误差 $e(n) = \dfrac{q'}{N}n - \dfrac{q'}{2}$。

因为激振器给出的振动信号是幅值和频率已知的连续周期信号，因此可设虚拟仪器的输入信号为 $x(t) = A_0 \sin \omega t$，于是传感器输出信号为 $x(t) + \sigma_A = A_0 \sin \omega t + \sigma$。因为 ADC 的输出信号也为周期信号，由式 (4-52) 计算 ADC 的脉冲传递函数为

$$G(z) = \frac{X(z)}{x(z)} = \frac{e'(z) + \sum\limits_{n=0}^{\infty} \left(\sum\limits_{k=1}^{10} A_k \dfrac{z \sin \omega n T}{z^2 - 2z \cos \omega n T + 1} \right)}{\sum\limits_{n=0}^{\infty} \left[z(A_0 \sin \omega n T + \sigma) \right]} \quad (4-55)$$

$G(z)$ 即为该种 ADC 的脉冲传递函数，其中谐波只取到第 10 次谐波分量。

将 $G(z)$ 改写为傅里叶变换的形式 $G(j\omega) = A_G(\omega) \mathrm{e}^{j\varphi_G(\omega)}$，即为频率特性。因为信号的幅值 $A_0 = 1$，由式 (4-48) 可以确定幅值的不确定度：

$$u_{am\mathrm{ADC}} = \frac{A_0' \mid A_G(\omega) - 1 \mid}{2\sqrt{3}} = 2.526 \times 10^{-5}$$

幅值的相对不确定度为

$$u_{r\text{ADC}} = \frac{u_{am\text{ADC}}}{A_0'} = \frac{|A_G(\omega) - 1|}{2\sqrt{3}} = 2.55.053 \times 10^{-5}$$

由式(4-49)可以确定相位的不确定度为

$$u_{ph\text{ADC}} = \frac{|\varphi_G(\omega) + \varphi(\omega)|}{2\sqrt{3}} = 0.3545°$$

本节对 ADC 的动态性能参数进行了分析,将噪声和谐波作为 ADC 动态测量不确定度的主要来源。之后通过分析量化误差研究噪声对幅值的影响,结合谐波失真和传感器输出信号的误差,计算并分析了 ADC 的脉冲传递函数;将 ADC 的脉冲传递函数通过数学变换,以傅里叶变换的形式表示;计算 ADC 的频率特性;最后根据 ADC 的频率响应函数,计算它的幅值与相位的不确定度分量。

4.3.3　基于神经网络的 ADC 动态测量不确定度评定方法

4.3.3.1　ADC 性能参数测试的方法[2]

1) 测试原理

IEEE Std 1241—2000[3]对 ADC 的性能参数做了规定,这对研究 ADC 具有一定的指导意义。依据 IEEE Std 1241—2000 相关原则,本书采用基于 FFT 的 ADC 动态测试方法,其原理为:采用一个高精度标准正弦信号作为输入信号,设其频率为 f_i,采样频率为 f_s,采样数 N 和周期数 M,并保证 $\dfrac{f_i}{f_s} = \dfrac{M}{N}$, $f_s \geqslant 2f_i$ 成立。通过 FFT 得出 ADC 的动态性能参数,通过分析获得减小 ADC 转换误差的方法。

利用 FFT 在频域中测试 ADC 的步骤如下[3]:

(1) 发出一个输入频率为 f_0 的标准正弦波信号,取采样频率为 f_s。假设 M 个采样 y_1, y_2, $\cdots$, y_M 相应的采样时间为 t_1, t_2, $\cdots$, t_M,并假设存在 A_0、B_0 和 C_0 使得以下表达式取得最小值:

$$F = \sum_{n=1}^{M} [y_n - A_0\cos(w_0 t_n) - B_0\sin(w_0 t_n) - C_0]^2 \qquad (4-56)$$

式中　w_0——ADC 的输入频率。

令

$$D_0 = \begin{bmatrix} \cos(w_0 t_1) & \sin(w_0 t_1) & 1 \\ \cos(w_0 t_2) & \sin(w_0 t_2) & 1 \\ \vdots & \vdots & \vdots \\ \cos(w_0 t_M) & \sin(w_0 t_M) & 1 \end{bmatrix}; \quad x_0 = \begin{bmatrix} A_0 \\ B_0 \\ C_0 \end{bmatrix}; \quad y = \begin{bmatrix} y_1 \\ y_2 \\ \vdots \\ y_M \end{bmatrix} \qquad (4-57)$$

采用矩阵可将式(4-56)改写为

$$F = (y - D_0 x_0)^T (y - D_0 x_0) \qquad (4-58)$$

令 $\dfrac{\partial F}{\partial x_0} = 0$，可得 $-D_0^T(y - D_0 x_0) - (y - D_0 x_0)^T D_0 = 0$，展开可得 $-D_0^T y + D_0^T D_0 x_0 - y^T D_0 - (D_0 x_0)^T D_0 = 0$，利用列向量（内积）的性质 $D_0^T D_0 x_0 = (D_0 x_0)^T D_0$，从而可得

$$x_0 = (D_0^T D_0)^{-1} (D_0^T) y \qquad (4-59)$$

因而拟合函数为

$$y'_n = A_0 \cos(w_0 t_n) + B_0 \sin(w_0 t_n) + C_0 \qquad (4-60)$$

式(4-60)可以转换为

$$y'_n = A \cos(w_0 t_n + \theta) + C \qquad (4-61)$$

其中　　　　　$A = \sqrt{A_0^2 + B_0^2}, \ \theta = \begin{cases} \tan^{-1}\left(-\dfrac{B_0}{A_0}\right), \ A_0 \geqslant 0 \\[2mm] \tan^{-1}\left(-\dfrac{B_0}{A_0}\right) + \pi, \ A_0 < 0 \end{cases}$

残差为

$$r_n = y_n - y'_n = y_n - A_0 \cos(w_0 t_n) - B_0 \sin(w_0 t_n) - C_0 \qquad (4-62)$$

由上式可得误差均方根为

$$e_{\text{rms}} = \sqrt{\frac{1}{M} \sum_{n=1}^{M} r_n^2} = \sqrt{\frac{1}{M} \sum_{n=1}^{M} (y_n - y'_n)^2} \qquad (4-63)$$

（2）信噪比计算。利用 SYN4103 同步时钟源为正弦波信号加上一个时钟抖动，它是信噪比为 SNR 的噪声。可以利用 ADC 技术标定的噪声测试参数对其时钟抖动系数进行估算，再通过推导就可以得到一个估计的时钟抖动参数：

$$\mathrm{SNR} = -20\log(2\pi f_0 - t_{\mathrm{jitter}}) \tag{4-64}$$

式中　f_0——模拟输入频率；

　　t_{jitter}——时钟抖动，可由下式确定：

$$t_{\mathrm{jitter}} = \frac{10^{-\frac{\mathrm{SNR}}{20}}}{2\pi f_0} \tag{4-65}$$

（3）信纳比（信号噪声失真比）计算。在实验过程中需要确定信号的信纳比，应该指定频率和振幅的正弦波作为标准输入，输入正弦波的频率称为基本频率。信纳比可以根据式（2-27）计算：$\mathrm{SINAD} = \dfrac{\delta_{\mathrm{rms\ signal}}}{\delta_{\mathrm{rms\ noise}}}$。

其中 ADC 的均方根噪声值 $p_{\mathrm{res\ noise}}$ 可以根据式（4-63）[3]计算出，即

$$\delta_{\mathrm{rms\ noise}} = e_{\mathrm{rms}} = \sqrt{\frac{1}{M}\sum_{n=1}^{M} r_n^2} = \sqrt{\frac{1}{M}\sum_{n=1}^{M}(y_n - y_n')^2}$$

（4）有效位计算。要由 FFT 计算得到测试结果，首先必须计算信号的噪声的均方根，然后取基频 f_0 和采样数 N，其中基频由输入信号指定，采样数由被测量的 ADC 的分辨率来计算，利用式（2-29）可计算出 ADC 有效位。

（5）总谐波失真计算。根据 FFT 可以确定输出信号的各个谐波分量，基于各个谐波分量就可以计算出总谐波失真为

$$\mathrm{THD} = \frac{\sqrt{V_2^2 + V_3^2 + V_4^2 + \cdots + V_N^2}}{V_s} \tag{4-66}$$

式中　V_s——信号的电压；

　　V_2，V_3，$\cdots$，V_n——第 $2\sim n$ 个谐波的电压。

（6）无杂散动态范围计算。无杂散动态范围的具体计算方法是，首先计算出幅值中最大的杂散谐波分量，利用式（2-32）就可以计算出 ADC 的无杂散动态范围。一般这个计算可以通过软件实现，需要观测 FFT 分析频谱中的信号幅度与最大谐波分量之间的距离（可以直接从 FFT 频谱图中获得），这个相对距离越大，则 ADC 的动态性能就越好，它的转换性能就越理想，转换精度也就越高。

2）ADC 动态性能参数测试方案

针对高速 ADC 测试，根据上述要求设计了动态测试方案，如图 4-15 所

示。利用时钟信号测试 ADC 的相关动态性能指标,利用 FIFO 模块对采集数据进行预存储和处理分析,再应用相关软件算法对数据进行处理;通过改变输入激励和输入信号的频率,得到 ADC 的最佳工作范围,从而实现 ADC 的动态性能参数测试。

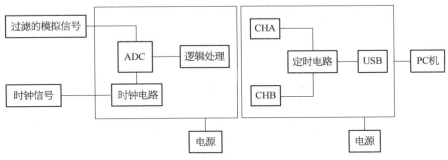

图 4 - 15　高速 ADC 性能测试方案

3) ADC 动态性能参数测试平台构建

选择 ADI 公司的 AD6645 - 105 作为测试对象,表 4 - 7 是其出厂测试结果。 AD6645 - 105 是一种 14 位高速高精度 ADC,该 ADC 集成了模数转换必需的功能,包括采样保持器(T/H)、基准压源等。

表 4 - 7　AD6645 - 105 的出厂测试结果

序号	输入参数设置	信噪比/dB	无杂散动态误差/dBc
1	F_{in} 为 200 MHz,最高 105 MSPS	72	90
2	F_{in} 为 70 MHz,最高 105 MSPS	74	89
3	F_{in} 为 15 MHz,最高 105 MSPS	75	87

(1)输入信号源。选择泰克的 AFG3251C 信号发生器和 SYN4103 同步时钟源作为输入信号源,分别输入一个标准正弦波信号和时钟抖动。

(2)滤波器。采用 TTE 的 J97 低通滤波器进行滤波。 J97 的特性如图 4 - 16 所示。

(3)数据采集板。 FIFO 数据采集板对高速 ADC 测试起着非常重要的作用,选择 ADI 的 AD9625 套件进行测试,AD9625FIFO 的原理如图 4 - 17 所示。

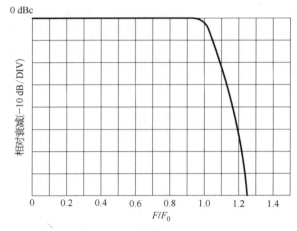

图 4 - 16　TTE J97 的典型性能

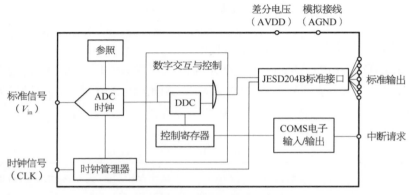

图 4 - 17　AD9625 FIFO 测试原理

根据上述测量原理，构建了一套高速 ADC 测试平台，如图 4 - 18 所示。

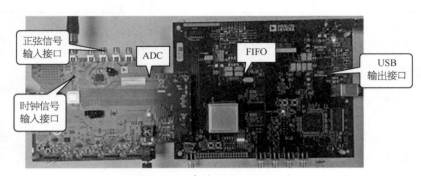

图 4 - 18　高速 ADC 测试平台

4）ADC 性能参数测试结果

应用如图 4 - 19 所示的 Visual-Analog 测试分析软件进行数据处理。

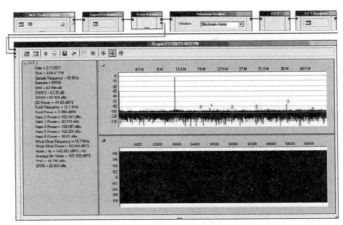

图 4 - 19　ADC 测试界面

利用 Visual-Analog 建立 ADC 模型，与 ADI - SimADC 连接，就可以进行 ADC 测试的模拟仿真，如图 4 - 20 所示。

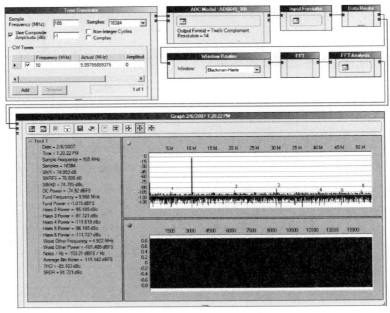

图 4 - 20　ADC 仿真测试界面

在对高速 ADC6645-105 进行测试的过程中,信号发生器和时钟信号发生器产生的正弦信号通过不同采样频率和采样数可以得到不同的动态性能参数。图 4-21 是一个采样频率为 105 MHz 和采样数为 16 384 的 FFT 结果,利用该结果可以计算出相关动态性能参数。

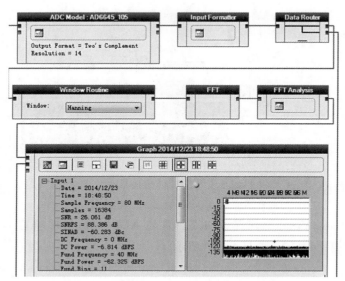

图 4-21　AD6645-105 的测试结果

ADC 动态性能参数测试结果如图 4-22 所示。

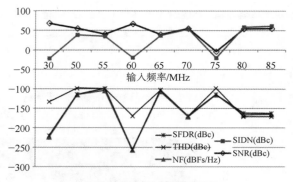

（a）采样数不变时的测试结果

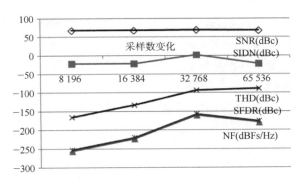

（b）输入频率不变时的测试结果

图 4-22　不同采样数与输入频率时的测试结果

　　在测试实验过程中发现，当输入频率为 10 MHz、采样频率为 80 MHz、采样数 $M=16\,384$ 时，ADC6645-105 获得了比较理想的测试结果：SNR$=-4.398$ dB，SIND$=-16.925$ dBc，NF$=-93.466$ dBFS/Hz，THD$=16.676$ dBc，SFDR$=-16.318$ dBc。如图 4-23 所示，图中显示其谐波分量相对平稳，波动较小。

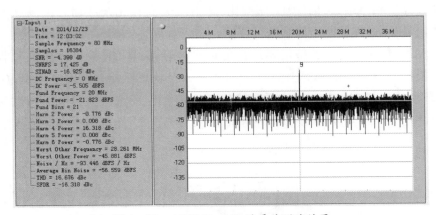

图 4-23　AD6645-105 的最佳测试结果

　　通过分析三个最重要的动态性能参数 SIND、THD 和 SFDR，可以得到其最佳的测试条件是采样频率为 80 MHz，采样数 $M=16\,384$，如图 4-23 所示。

4.3.3.2　基于神经网络的 ADC 动态测量不确定度评定[2]

针对 ADC 动态测量不确定度来源的复杂性和多变性,把神经网络算法引入 ADC 测量不确定度评定中来,其突出优势就是可以利用有用信息的分布规律、快速的数据处理能力和分析能力,实现不确定度评定。

1) 神经网络算法的基本原理

人工神经网络算法最常用的模型(M-P)如 4-24 所示。

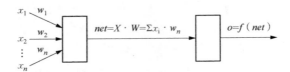

图 4-24　人工神经网络(M-P)模型

图 4-24 中, $X = (x_1, x_2, \cdots, x_n)$,表示输入向量; $W = (w_1, w_2, \cdots, w_n)$,表示连接权向量: $o = f(net)$ 表示激活函数; f 表示激励函数,也称为活化函数,常用的典型激励函数包括线性函数、非线性函数、阶跃函数和 S 函数。

2) ADC 动态测量不确定度模型

ADC 测量不确定度来源分为静态不确定度来源和动态不确定度来源。本书通过分析噪声系数、信纳比、信噪比、总谐波失真和无杂散动态范围这五个参数,利用通过神经网络算法进行评定。

ADC 测量误差的模型主要是利用时间延迟、失真、增益和运算放大器建立。根据 ADC 的动态评定需求,需要建立一个动态性能参数评定模型,如图 4-25 所示。模型中包括噪声系数、信纳比、信噪比、总谐波失真和无杂散动态范围这五个性能参数,其误差分别用 E_1、E_2、E_3、E_4 和 E_5 表示。该模型输

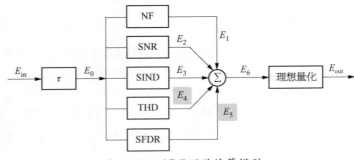

图 4-25　ADC 误差计算模型

出时需要进行一次量化处理得到总的输出误差 E_{out}：

$$E_{\text{out}} = \text{LSB} \cdot \text{tranc}\left(\frac{E_1 + E_2 + E_3 + E_4 + E_5}{\text{LSB} + 0.5}\right) \tag{4-67}$$

3）ADC 动态测量误差计算模型

平面相位补偿模型主要是对 N 位 ADC，是以 $2N$ 的形式存储 ADC 的动态输入误差，行（x）和列（y）分别代表过去和现在的输入误差，用一个数组（x，y）代表 ADC 的误差 $e(x, y)$。误差计算模型如图 4-26 所示，计算方法为

$$e(x, y) = y_x - y_i \tag{4-68}$$

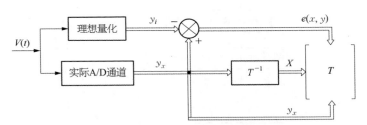

图 4-26　ADC 误差计算模型

为减小 ADC 的动态输入误差，一般需要通过 ANN 的自学能力计算出一个纠正值 $e^*(x, y)$ 以缩小误差，如图 4-27 所示。其最终误差为

$$\varepsilon(x, y) = e(x, y) - e^*(x, y) \tag{4-69}$$

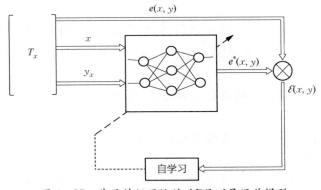

图 4-27　基于神经网络的 ADC 测量误差模型

上述 ADC 测量误差模型为 ADC 的测量不确定度评定提供了依据。可以通过测量误差计算出其标准差 σ，再利用神经网络算法计算出合成标准测量不确定度。

4）基于神经网络的 ADC 测量不确定度仿真

以 ADC 五个动态性能参数作为神经网络的输入层，标准偏差和标准不确定度作为隐含层，合成标准不确定度就是需要的输出结果，如图 4-28 所示。

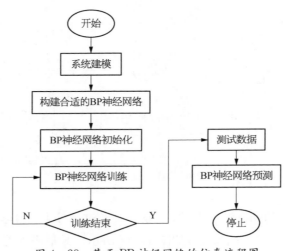

图 4-28　基于 BP 神经网络的仿真流程图

应用 Matlab 开发的仿真程序，参见书后附录 2。该程序主要包括以下内容：

（1）数据的准备。对于输入数据（包括训练数据和将来需要预测的数据）要进行归一化处理，即把输入数据转换到 0～1 的区间内，目的是取消各维数据的数量级差别。

（2）训练与评估。训练数据是对已经存在的数据进行数据处理，使它具有预测能力。

（3）数据预测与不确定度结果输出。根据输入数据，获得 ADC 动态测量不确定度评定结果。

利用 Matlab 根据 ADC 特性建立一个 5-2-1BP 神经网络结构，即输入层有 5 个节点，隐含层有 2 个节点，输出层有 1 个节点，如图 4-29 所示。

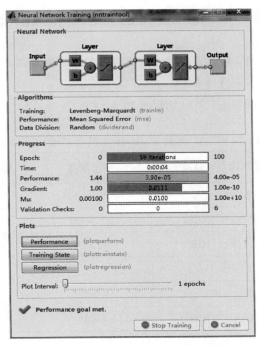

图 4 - 29　BP 神经网络的网络结构

　　仿真中各个数据的训练过程如图 4 - 30 所示,图中包括训练、数据、测试、最佳值和目标。

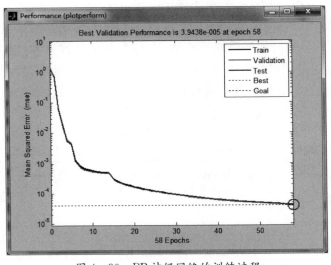

图 4 - 30　BP 神经网络的训练过程

通过训练计算出 ADC 的测量误差,从而计算相关的标准不确定度和合成标准测量不确定度。

4.3.3.3　实例:数据采集卡 AD6645 - 105 的测量不确定度评定[2]

1) AD6645 - 105 性能参数

AD6645 - 105 的出厂测试结果见表 4 - 8。

表 4 - 8　AD6645 - 105 静态测量不确定度来源

序号	测量不确定度来源	技术规范	标准测量不确定度*
1	量化误差(QE)	± 0.5 LSB	0.289
2	积分非线性(NE1)	± 1.5 LSB	0.866
3	微分非线性(NE2)	± 0.5 LSB	0.289
4	温度漂移(DE)	$1.5 \times 10^{-6} / ℃$	0.866
5	增益(GE)	0% FS	0
6	电源抑制比(PSRR)	± 1 mV/V	0.577

＊:四舍五入。

AD6645 - 105 的动态测量不确定度来源主要包括噪声系数的不确定度 u_{NF}、信纳比的不确定度 u_{SINAD}、信噪比的不确定度 u_{SNR}、总谐波失真的不确定度 u_{THD} 和无杂散动态范围的不确定度 u_{SFDR}。

2) 基于 GUM 的 ADC 测量不确定度评定

(1) 单项动态性能参数的不确定度评定。在进行动态测试过程中获得了 100 组测试数据,这些数据反映了 ADC 在整个测试过程中各个性能参数不断变化的过程,这里只取其中 10 组数据,见表 4 - 9。在利用 GUM 进行不确定度评定时,选取的这 10 组数据必须具有代表性,通过分析这 10 组数据就可以计算出 AD6645 - 105 的动态测量不确定度。

表 4 - 9　AD6645 - 105 动态测量不确定度的测试结果

序号	SNR/dB	SIAND/dBc	NF/(dBFS/Hz)	THD/dBc	SFDR/dBc
1	67.890	-90.028	-90.028	-233.482	-87.081
2	67.905	-90.028	-90.028	-200.87	-87.081
3	68.938	-67.318	-67.318	-161.81	-64.307

（续表）

序号	SNR/dB	SIAND/dBc	NF/(dBFS/Hz)	THD/dBc	SFDR/dBc
4	67.916	−90.028	−90.028	−156.67	−87.081
5	55.021	−16.146	−16.146	−153.155	−15.897
6	40.512	−5.13	−5.13	−139.796	−0.199
7	67.176	−87.018	−87.018	−236.485	−87.081
8	40.176	−2.827	−2.827	−143.531	0.801
9	55.214	−1.388	−1.388	−224.831	0
10	38.987	−16.723	−16.723	−93.622	−16.113

利用 GUM 的测量不确定度 A 类评定方法评定 ADC 的动态测量不确定度，即通过多次测量利用统计学原理对其进行评定。根据式（1-1），首先需要计算出 n 次（$n=10$）独立测试的算术平均值 $\overline{X}_i$：

$$\overline{X}_i = \frac{1}{n} \sum_{i=1}^{n} x_i \qquad (4-70)$$

再根据式（1-2）计算出标准偏差 σ_j：

$$\sigma_j = \sqrt{\frac{\sum_{i=1}^{n} (x_i - \bar{x})^2}{n-1}} \qquad (4-71)$$

最后根据式（1-3）得到不确定度 u_j：

$$u_j = \frac{\sigma_j}{\sqrt{n}} \qquad (4-72)$$

通过计算得到 AD6645-105 的动态标准偏差和标准不确定度，见表 4-10。

表 4-10　AD6645-105 动态测量标准不确定度

序号	测量不确定度来源	标准偏差	标准测量不确定度
1	信噪比	12.866 dB	4.069
2	信纳比	41.131 dBc	13.007

（续表）

序号	测量不确定度来源	标准偏差	标准测量不确定度
3	噪声系数	50.105 dBFS/Hz	15.845
4	总谐波失真	41.137 dBc	13.009
5	无杂散动态范围	38.459 dBc	12.162

（2）动态测量不确定度的合成。对于测量不确定度的合成，一般的方法是假设各个测量不确定度来源相互独立，则根据 GUM 可得 ADC 的动态测量不确定度的标准合成不确定度 u_{ADC}：

$$u_{ADC} = \sqrt{u_{SNR}^2 + u_{SIND}^2 + u_{NF}^2 + u_{THD}^2 + u_{SFDR}^2} \qquad (4-73)$$

代入数据后得到 AD6645 - 105 的动态合成测量不确定度为 $u_2 = 27.458$。

从评定结果来看，该结果已经超出正常范围。应用 GUM 的 A 类评定进行 ADC 的动态性能参数评定结果误差大、精度不高，且其计算过程较为烦琐。因此 ADC 的动态性能参数不适合用 GUM 的 A 类评定方法进行不确定度评定。

3）神经网络算法的 ADC 动态测量不确定度评定

（1）数据准备。以 ADC 动态测量不确定度来源作为神经网络算法的评定指标，具体规定为噪声系数（X_1）、信纳比（X_2）、信噪比（X_3）、总谐波失真（X_4）、无杂散动态范围（X_5）。这五个动态性能指标通过训练和提高自学习能力，就可以建立一个评定模型，其输出就是 X，计算模型如下：

$$X = X_1 + X_2 + X_3 + X_4 + X_5 \qquad (4-74)$$

模型中训练样本的输入数据是 ADC 动态测试所得的 100 组数据，表 4 - 9 是其中 10 组数据；训练的输出数据也是 100 组，表 4 - 10 是其中 10 组数据的偏差，其他数据的计算方法也同这 10 组数据一样。

（2）训练与仿真。通过神经网络的学习能力就可以预测出最佳性能参数的偏差（表 4 - 11），进而对该 ADC 进行标准不确定度的合成。

表 4 - 11　基于神经网络的 ADC 待评定数据

噪声系数（X_1）	信纳比（X_2）	信噪比（X_3）	总谐波失真（X_4）	无杂散动态范围（X_5）
−93.622 dBFS/Hz	−16.723 dBc	−3.987 dB	16.622 dBc	−16.113 dBc

　　（3）仿真计算结果。图 4 - 31 是 BP 网络预测输出与期望输出之间的对比；图 4 - 32 是 BP 网络预测的误差，主要是对 ADC 的五个动态性能参数的误差进行训练，得到相关参数的一个训练模型，利用该模型可以对待评定的性能参数进行不确定度评定。

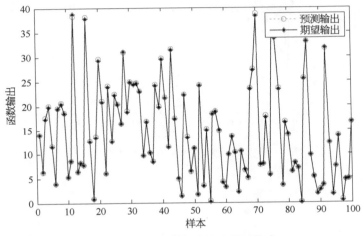

图 4 - 31　BP 神经网络的预测输出

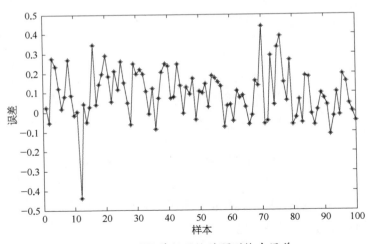

图 4 - 32　BP 神经网络的预测输出误差

　　得到预测误差就可以确定 ADC 的标准不确定度，如图 4 - 33 所示；再通过计算得到 ADI6645 - 105 的合成标准不确定度，如图 4 - 34 所示。

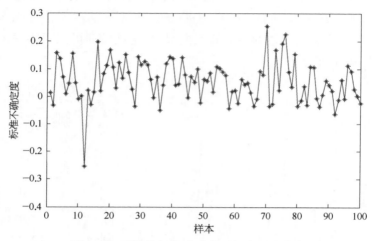

图 4-33　BP 神经网络的预测标准不确定度

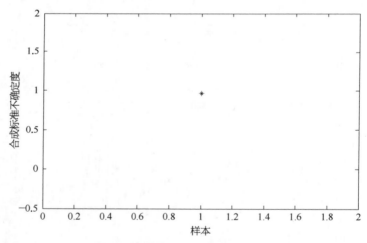

图 4-34　BP 神经网络的预测标准合成不确定度

AD6645-105 的合成动态测量不确定度为 $U_2 = 0.9670$。

4）两种方法评定结果对比

对 AD6645-105 可分别应用 GUM 和神经网络算法进行评定，前者适合对 ADC 进行静态评定，后者利用计算机程序进行迭代计算，快速准确，适合对 ADC 的动态进行评定。在动态评定中，可通过 GUM 中的 A 类评定方法进行评定，但从计算结果看，该方法相对精度不高，同时计算过程复杂；而神经网络算法由于具有较强的建模能力和容错性,在动态评定中具有较明显的优势,同时计算快速准确。

ADC 的动态测量不确定度评估可以采用基于 Z 变换的方法,也可以采用神经网络的方法,两种方法都需要构建 ADC 动态性能参数测量平台。前者是利用精准正弦信号作为输入,利用实验平台的测试结果获得 ADC 的脉冲传递函数,再进一步求出 ADC 的幅频特性和相频特性;后者同样也需要以精准正弦信号作为输入,它是建立在对 ADC 的噪声系数、信纳比、信噪比、总谐波失真和无杂散动态范围测试的基础上,基于人工神经网络技术确定 ADC 的动态测量不确定度。

4.4　算法的动态测量不确定度评定方法

无论是动态测量还是静态测量,软件算法的不确定度来源主要有两种,即算法偏差和舍入误差。算法的测量不确定度评定方法可以采用第 3.4 节中的方法确定。在动态测量中,由于需要了解信号的频率信息,一般需要对被测信号进行傅里叶变换,无论是采用 FFT 还是 DFT,其不确定度包括舍入不确定度和截断不确定度均可以采用第 3.4.2 节中的方法确定。

4.5　虚拟仪器的动态直接测量不确定度评定方法

虚拟仪器主要环节包括传感器、信号调理器、ADC 和算法,它们的动态测量不确定度都对仪器测量结果的测量不确定度有影响。对于动态测量而言,由于被测信号幅值和相位经过上述四个测量环节后产生了变化,因此仪器的测量结果不确定度的评定主要包括幅值不确定度和相位不确定度评定。

理论上,如果能确定传感器、信号调理器、ADC 和算法的动态特性,即建立起从传感器到测量结果计算的传递特性,也就是仪器的传递特性方程,则可以依据该方程来确定测量结果中的幅值和相位的不确定度。但是由于 ADC 和算法的传递特性往往难以获得,因此较为可行的办法是分别确定传感器、信号调理器、ADC 和算法的动态不确定度,再根据 GUM 的基本原则,确定仪器测量结果的不确定度。

当然,由于是动态测量,即被测信号 $x(t)$ 随时间变化,仪器输出 $y(t)$ 同样随时间变化。由于测量结果 $y(t)$ 的波形变化往往不是仪器测量所追求的最终结果,而经常要确定被测信号中不同频率或频率段对仪器测量结果影响较大,此时需要对仪器测量结果 $y(t)$ 做傅里叶变换。

$y(t)$ 与 $x(t)$ 之间的关系取决于仪器系统的传递特性。仪器的传递特性与传感器、信号调理器、ADC 及算法的传递特性有关,因此当研究被测信号 $x(t)$ 测量结果 $y(t)$ 的测量不确定度时,包括幅值和相位的不确定度时,需要指定是在什么频率下的幅值和相位的不确定度。

4.5.1　虚拟仪器幅值测量不确定度评定方法

设传感器、信号调理器、ADC 及 DSP 的测量范围分别为 $\pm A_{\mathrm{Tr}}$、$\pm A_{\mathrm{SC}}$、$\pm A_{\mathrm{AD}}$ 和 $\pm A_{\mathrm{DS}}$;设频率为 ω 时它们的标准不确定度分别为 $u_{am\mathrm{Tr}}(\omega)$、$u_{am\mathrm{SC}}(\omega)$、$u_{am\mathrm{ADC}}(\omega)$ 及 $u_{am\mathrm{DSP}}(\omega)$。其中传感器的标准不确定度 $u_{r\mathrm{Tr}}(\omega)$ 和信号调理器的标准不确定度 $u_{r\mathrm{SC}}(\omega)$ 可以用第 4.1 节的方法加以确定;ADC 的标准不确定度 $u_{r\mathrm{AD}}(\omega)$ 可以用第 4.3.2 节或第 4.3.3 节中的方法确定;算法的不确定度也可以参照第 4.4 节的方法确定。上述四个环节的相对不确定度 $u_{r\mathrm{Tr}}(\omega)$、$u_{r\mathrm{SC}}(\omega)$、$u_{r\mathrm{ADC}}(\omega)$ 及 $u_{r\mathrm{DSP}}(\omega)$ 可分别由式(4 - 75)～式(4 - 78)确定,即

$$u_{r\mathrm{Tr}}(\omega) = \frac{u_{am\mathrm{Tr}}(\omega)}{A_{\mathrm{Tr}}} \tag{4-75}$$

$$u_{r\mathrm{SC}}(\omega) = \frac{u_{am\mathrm{SC}}(\omega)}{A_{\mathrm{SC}}} \tag{4-76}$$

$$u_{r\mathrm{ADC}}(\omega) = \frac{u_{am\mathrm{ADC}}(\omega)}{A_{\mathrm{ADC}}} \tag{4-77}$$

$$u_{r\mathrm{DSP}}(\omega) = \frac{u_{am\mathrm{DSP}}(\omega)}{A_{\mathrm{DSP}}} \tag{4-78}$$

直接测量的合成相对不确定度 u_r 为

$$u_r(\omega) = \sqrt{u_{r\mathrm{Tr}}^2(\omega) + u_{r\mathrm{SC}}^2(\omega) + u_{r\mathrm{ADC}}^2(\omega) + u_{r\mathrm{DSP}}^2(\omega)} \tag{4-79}$$

设被测信号 x 中频率为 ω 的信号幅值为 $A(\omega)$,则仪器测量的幅值不确定度 $u(x)$ 为

$$u(x) = u_r \cdot A(\omega) \tag{4-80}$$

4.5.2　仪器相位测量不确定度评定方法

设传感器、信号调理器、ADC 及 DSP 相位的标准不确定度分别为 $u_{ph\mathrm{Tr}}(\omega)$、

$u_{ph\mathrm{SC}}(\omega)$、$u_{ph\mathrm{ADC}}(\omega)$ 及 $u_{ph\mathrm{DSP}}(\omega)$，因而仪器测量结果中相位的标准不确定度 $u_{ph}(\omega)$ 为

$$u_{ph}(\omega) = \sqrt{u_{ph\mathrm{Tr}}^2(\omega) + u_{ph\mathrm{SC}}^2(\omega) + u_{ph\mathrm{ADC}}^2(\omega) + u_{ph\mathrm{DSP}}^2(\omega)} \qquad (4-81)$$

4.5.3　被测信号有效值的测量不确定度评定

对于动态测量,有效值是经常需要的测量结果,因此需要研究有效值的不确定度评定方法。本书将基于快速傅里叶变换 DFT 研究有效值的测量不确定度评定方法。

被测信号进入计算机后成为离散序列 $y(n)$,为了确定序列 $y(n)$ 的有效值,可以利用 DFT 对离散序列 $y(n)$ 进行傅里叶变换。

设 $y(n)$ 长度为 M, $y(n)$ 的 N 点 DFT 为

$$X(k) = \mathrm{DFT}[x(n)]_N = \sum_{n=0}^{N-1} x(n) \mathrm{e}^{-\mathrm{j}\frac{2\pi}{N}kn}, \ k = 0, 1, \cdots, N-1 \qquad (4-82)$$

式中　N——离散傅里叶变换区间长度,且 $N \geqslant M$。

令

$$W_N = \mathrm{e}^{-\mathrm{j}\frac{2\pi}{N}} \qquad (4-83)$$

则可以将 N 点 DFT 表示为

$$X(k) = \mathrm{DFT}[x(n)]_N = \sum_{n=0}^{N-1} x(n) W_N^{kn}, \ k = 0, 1, \cdots, N-1 \qquad (4-84)$$

定义 $y(n)$ 的 N 点离散傅里叶逆变换(IDFT)为

$$x(n) = \mathrm{IDFT}[X(k)]_N = \frac{1}{N} \sum_{k=0}^{N-1} X(k) W_N^{-kn}, \ n = 0, 1, \cdots, N-1$$

$$(4-85)$$

则序列 $y(n)$ 的有效值 y_{rem} 为

$$y_{\mathrm{rem}} = \sqrt{\sum_{n=0}^{N-1} X^2(k)} \qquad (4-86)$$

信号频率 $\omega_k = \dfrac{2\pi k}{N}$ 的幅值不确定度为 $u_{X(k)}$,则有效值 y_{rem} 的测量不确定

度为

$$u(y_{\mathrm{rem}}) = \sqrt{\sum_{n=0}^{N-1} u_{X(k)}^2} \qquad\qquad (4-87)$$

4.5.4　动态测量不确定度评定方法需要解决的两类问题

和静态测量一样,动态测量不确定度评定同样包括正问题和反问题两类,前者为已有仪器的动态测量不确定度评定问题,后者为测量环节的动态测量不确定度分配问题,即仪器设计前期需要解决的问题。

4.5.4.1　正问题:已有仪器的动态测量不确定度评定和验证问题

1) 基于测量不确定度 B 类评定方法确定仪器的动态测量不确定度

如果仪器已经开发好,即传感器、信号调理器、ADC 的具体型号已经确定,测量算法也已经确定,仪器投入使用后可以获得测量结果。在这种情况下,传感器、信号调理器、ADC 及算法的测量不确定度可以分别依据第 4.1～4.4 节中提出的方法加以确定;此时可以对被测信号进行傅里叶变换,以获得被测信号的频谱和相位谱;之后可以利用式(4 - 36)确定测量结果中某一频率成分的幅值不确定度;同时也可以再利用式(4 - 37)确定该频率成分的相位不确定度。

当然,上述方法也可以用于检验已有仪器的测量不确定度是否满足说明书给定的测量不确定度技术指标。

2) 基于测量不确定度 A 类评定方法的虚拟仪器动态测量不确定度评定和验证

在动态测量场合,仪器的技术指标会给定测量结果中某些频率成分的幅值不确定度和相位不确定度。为了检验仪器的实际测量结果的不确定度是否满足其技术指标,也可以采用 A 类不确定度评定方法。具体方法是让被测对象产生某一频率精准的正弦运动,如给压电式加速度传感器 CA - YD - 106 产生某一频率 ω_i 的精准的正弦加速度 $A\sin\omega t$,或使位移传感器 CWY - DO 的被测对象产生某一频率的精准的正弦运动 $A\sin\omega t$;利用该仪器可以获得测量结果 $A_1\sin(\omega t+\varphi_1)$;每隔一定时间间隔,重复上述相同的输入,得到一系列输出 $A_2\sin(\omega t+\varphi_2)$,$A_2\sin(\omega t+\varphi_2)$,…,$A_n\sin(\omega t+\varphi_n)$,并将这些数据填写入表 4 - 12。依据上述数据,可以用统计的方法确定幅值和相位的标准不确定度,见表 4 - 12。

表 4-12　重复输入单一频率 ω 的正弦信号测量结果

输入信号	测量结果			
	1	2	…	n
$A_1 \sin \omega_1 t$	$A_{11} \sin(\omega_1 t + \varphi_{11})$	$A_{12} \sin(\omega_1 t + \varphi_{12})$	…	$A_{1n} \sin(\omega_1 t + \varphi_{1n})$
统计结果	幅值比平均值	$\bar{P}_1 = \dfrac{1}{n} \sum\limits_{i=1}^{n} \dfrac{A_{1i}}{A_1}$	相位平均值	$\bar{\Phi}_1 = \dfrac{1}{n} \sum\limits_{i=1}^{n} \varphi_i$
	幅值实验方差	$s^2(A_{1i}) = \dfrac{1}{n-1} \sum\limits_{i=1}^{n} (A_{1i} - \bar{A}_1)^2$	相位实验方差	$s^2(\varphi_{1i}) = \dfrac{1}{n-1} \sum\limits_{i=1}^{n} (\varphi_{1i} - \bar{\varphi}_1)^2$
	幅值标准不确定度	$u(P_1) = s(A_{1i})$	相位标准不确定度	$u(\Phi_1) = s(\varphi_{1i})$

改变输入信号频率,即分别输入 $A_2 \sin \omega_2 t$,$\cdots$,$A_k \sin \omega_k t$,再利用上述统计方法可以求得相应的幅值不确定度和相位不确定度。

4.5.4.2　反问题:仪器测量环节的动态测量不确定度分配问题

在仪器设计阶段,需要解决的问题是"当仪器动态测量不确定度指标给定的前提下,如何给传感器、信号调理器、ADC 及算法分配合理的不确定度"。该问题属于仪器测量不确定度评定的反问题。

假定仪器相对动态测量不确定度的设计指标为 u_{ds},需要确定传感器、信号调理器、ADC 及算法的相对测量不确定度 u_{dsTr}、u_{dsSC}、u_{dsADC} 和 u_{dsDSP},以满足

$$u_c = \sqrt{u_{dsTr}^2 + u_{dsSC}^2 + u_{dsADC}^2 + u_{dsDSP}^2} \leqslant u_{ds} \tag{4-88}$$

为满足上述要求,虚拟仪器的测量不确定度分配流程如图 4-35 所示。令

$$\frac{u_{dsSC}}{u_{dsTr}} = k_1;\ \frac{u_{dsADC}}{u_{dsTr}} = k_2;\ \frac{u_{dsDSP}}{u_{dsTr}} = k_3;\ k_i < 1,\ i = 1, 2, 3 \tag{4-89}$$

将式(4-89)代入式(4-88),可得 $\sqrt{(1 + k_1^2 + k_2^2 + k_3^2)}\, u_{dsTr} \leqslant u_{ds}$,即

$$u_{dsTr} \leqslant \frac{u_{ds}}{\sqrt{(1 + k_1^2 + k_2^2 + k_3^2)}} \tag{4-90}$$

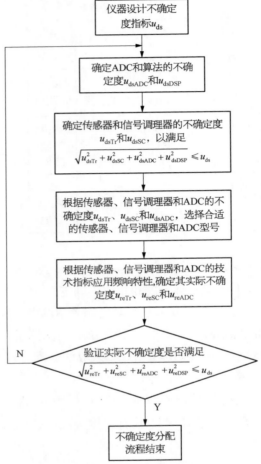

图 4-35   虚拟仪器直接测量不确定度分配流程

1) 一般精度设计场合

由于 ADC 的位数一般在 8 位以上,分辨率较高,尽管这并不能一定保证获得较高的 A/D 转换精度。但采样率和带宽都满足匹配条件,包括信号调理采取了抗混叠滤波,使得 ADC 输入信号的带宽完全在 ADC 的全功率带宽范围内,可以确保其相对不确定度 $u_{rADC} \leqslant 0.3\%$。由于当前的 PC 机的位数为 32 位或 64 位,因而舍入误差导致的不确定度几乎可以忽略。此时可以只考虑算法偏差,一般也可以控制其不确定度以满足 $u_{rCDSP} \leqslant 0.2\%$:

$$u_{\text{dsTr}}^2 + u_{\text{dsSC}}^2 \leqslant u_{\text{ds}}^2 - u_{\text{dsADC}}^2 - u_{\text{dsDSP}}^2 \tag{4-91}$$

综合考虑成本因素,可选择 $u_{\text{dsSC}} = 0.8 u_{\text{dsTr}}$,代入上式可得

$$u_{\text{dsTr}} \leqslant 0.78\sqrt{u_{\text{ds}}^2 - u_{\text{dsADC}}^2 - u_{\text{dsDSP}}^2} = 0.78\sqrt{u_{\text{ds}}^2 - 0.2^2 - 0.3^2} \tag{4-92}$$

根据上述方法确定的传感器、信号调理器、ADC 及算法的不确定度 u_{dsTr}、u_{dsSC}、u_{dsADC} 和 u_{dsDSP} 选择其具体型号,之后依据型号的具体技术指标,再依据第 4.1～4.4 节的方法确定传感器、信号调理器、ADC 及算法的实际不确定度 u_{reTr}、u_{reSC}、u_{reADC} 和 u_{reDSP},最后验证仪器的合成不确定度 u_c 是否满足设计指标要求。

2)高精度设计场合

对于高精度虚拟仪器设计场合,可以考虑选择 16 位及以上的 ADC 以获得较高的分辨率;再综合考虑 ADC 的动态和静态参数,可以保证获得更小的 ADC 测量不确定度;同时,算法的不确定度也可以控制得更小。可以应用图 4-35 的流程完成仪器各测量环节的不确定度分配。

4.5.5 实例:一种加速度测量虚拟仪器的动态测量不确定度评定

4.5.5.1 实验设备

实验设备包括加速度传感器 CA-YD-106、激振器、电荷放大器、NI-PXIe-6368 采集卡、PC 机。实验平台如图 4-36 所示。

4.5.5.2 实验原理

通过激振器产生一个振动信号,用加速度传感器对该信号进行检测,将输出信号传递给数据采集卡采样并进行 A/D 转换,利用上述方法对动态测量不确定度进行评定。

图 4-36 加速度传感器 CA-YD-106 动态测量不确定度评定实验平台

4.5.5.3　仪器测量不确定度评定

1）传感器幅值和相位的测量不确定度评定

加速度传感器 CA - YD - 106 幅值的不确定度见表 4 - 3，相位的不确定度评定见表 4 - 5。当 $\omega = 200\ \mathrm{Hz}$，$u_{amTr} = 2.785 \times 10^{-6}\ \mathrm{mV}$，由式（4 - 73）可以求得幅值的相对不确定度为 $u_{rTr} = \dfrac{u_{amTr}}{A_0} = \dfrac{2.785 \times 10^{-6}}{20} = 1.397 \times 10^{-7}$；由表 4 - 5 可以得到相位不确定度 $u_{pTr} = 0.94°$。

2）ADC 的测量不确定度评定

因为信号的幅值 $A_0 = 1$，由式（4 - 48）可以确定幅值的不确定度为 $u_{amADC} = \dfrac{A_0' \mid A_G(\omega) - 1 \mid}{2\sqrt{3}} = 2.526 \times 10^{-5}$；由式（4 - 75）可得幅值的相对不确定度为

$$u_{rADC} = \frac{u_A}{A_0'} = \frac{\mid A_G(\omega) - 1 \mid}{2\sqrt{3}} = 2.526 \times 10^{-5}$$；由式（4 - 54）可以确定相位的不确

定度为 $u_{phADC} = \dfrac{\mid \varphi_G(\omega) + \varphi(\omega) \mid}{2\sqrt{3}} = 0.354\ 5°$。

3）算法的测量不确定度

本例中算法的不确定度仅包括舍入不确定度。根据数值修约规则，算法中的乘法运算与加法运算遵循同样的舍入原则，假定运算结果保留到小数点后 8 位，则分辨力 $\delta_x = 5 \times 10^{-8}$，由式（3 - 39）可得快速傅里叶算法中加法运算产生的舍入不确定度为 $u_{amDSP} = 0.29 \times 5 \times 10^{-8} = 1.44 \times 10^{-8}$。

对于数值 $A_{DS} = 1$，有式（4 - 82）可以求得其相对不确定度为 $u_{rDS}(\omega) = \dfrac{u_{amDS}(\omega)}{A_{DS}} = 5 \times 10^{-8}$。

因为只有舍入运算，相位不确定度 $u_{phDSP}(\omega) \approx 0$。

4）仪器测量结果的不确定度

根据式（4 - 79）可以求得仪器动态测量的幅值不确定度为

$$u_r(\omega) = \sqrt{u_{rTr}^2(\omega) + u_{rAD}^2(\omega) + u_{rDS}^2(\omega)}$$
$$= \sqrt{(1.397 \times 10^{-7})^2 + (2.526 \times 10^{-5})^2 + (5 \times 10^{-8})^2} \approx 2.526\ 0 \times 10^{-5}$$

根据式（4 - 81）可以求得仪器动态测量的相位不确定度 u_{ph} 为

$$u_{ph}(\omega) = \sqrt{u_{phTr}^2(\omega) + u_{phADC}^2(\omega) + u_{phDSP}^2(\omega)} \approx \sqrt{(0.94)^2 + (0.709\ 0)^2 + 0^2}$$
$$= 1.18°$$

对于虚拟仪器动态直接测量,由于被测信号具有时变特点,传感器、信号调理器、ADC 和算法的动态性能都对仪器测量结果的测量不确定度产生影响。理想的方法应该是构建或者获取整个仪器系统的传递特性,但这种方法需要在仪器开发完毕并投入使用后才可以进行,因此该方法适用于虚拟仪器动态直接测量不确定度评估正问题的研究。在研究虚拟仪器动态直接测量不确定度评定反问题时,即需要给传感器、信号调理器、ADC 和算法合理分配测量不确定度,可以传感器的动态不确定度为基准,利用比例系数法确定信号调理器、ADC 和算法的不确定度。

4.6　虚拟仪器的动态间接测量不确定度评定方法

虚拟仪器动态测量间接测量不确定度评定同样包括正问题和反问题两类,其中正问题是对已有仪器的动态测量不确定度评定问题,反问题是间接测量中各个独立仪器的不确定度评估问题。

4.6.1　正问题:已有仪器的间接测量动态测量不确定度评定问题

4.6.1.1　基于不确定度传播定律的动态间接测量不确定度评定

如果某一动态参数 y 是通过间接测量得到,即

$$y(t) = f(x_1(t), x_2(t), \cdots, x_n(t)) \qquad (4-93)$$

其中,$x_1(t), x_2(t), \cdots, x_n(t)$ 为被测分量,它们可以分别通过直接测量获得。由于 $x_1(t), x_2(t), \cdots, x_n(t)$ 具有时变性,而且 $x_1(t), x_2(t), \cdots, x_n(t)$ 各自的测量不确定度也与 t 时刻 $x_1(t), x_2(t), \cdots, x_n(t)$ 各自所包含信号的频率成分有关,因此被测量 y 的不确定度难以直接利用不确定度传播定律确定。

一般情况下,更需要了解被测信号 y 的有效值信息,设 $x_1(t), x_2(t), \cdots, x_n(t)$ 的有效值不确定度分别为 $u_e(x_1), u_e(x_2), \cdots, u_e(x_n)$,则被测信号 y 的有效值不确定度 $u_e(y)$ 为

$$u_e(y) = \sqrt{\sum_{i=1}^{N}\left[\frac{\partial f}{\partial x_i}u_e(x_i)\right]^2 + 2\sum_{i=1}^{N-1}\sum_{j=i+1}^{N}\frac{\partial f}{\partial x_i}\frac{\partial f}{\partial x_j}r(x_i, x_j)u_e(x_i)u_e(x_j)}$$

$$(4-94)$$

4.6.1.2　基于傅里叶变换的测量不确定度评定

如果某一动态参数 y 是通过间接测量得到,即 $y(t) = f(x_1(t),$

$x_2(t)$，$\cdots$，$x_n(t)$），其中 $x_1(t)$，$x_2(t)$，$\cdots$，$x_n(t)$ 为被测分量，它们可以分别通过直接测量获得。可以基于傅里叶变换确定仪器测量结果的不确定度。依据傅里叶变换，被测信号 $y(t)$ 可以分解成不同频率的简谐信号 $e^{i\omega t}$ 的叠加：

$$F(t) = \frac{1}{2\pi}\int_{-\infty}^{\infty} F(\omega)e^{i\omega t}\,d\omega \qquad (4-95)$$

其中，简谐信号 $e^{i\omega t}$ 的幅值 $F(\omega)$ 为

$$F(\omega) = \int_{-\infty}^{\infty} F(t)e^{-i\omega t}\,dt \qquad (4-96)$$

由于被测信号 $x_1(t)$，$x_2(t)$，$\cdots$，$x_n(t)$ 是通过相应的传感器单独测量，而且利用同步采样获得，经过 A/D 转换后进入计算机，因此被测信号 $x_1(t)$，$x_2(t)$，$\cdots$，$x_n(t)$ 是以离散信号的形式存在，相应的被测信号 $y(t)$ 也是以离散信号的形式获得，即

$$y(n) = f(x_1(n), x_2(n), \cdots, x_n(n)) \qquad (4-97)$$

对上述序列实施快速傅里叶变换 FFT 或 DFT（参见本书第 3.4 节）后得到的幅值谱 u_A 和相位谱 u_P，从而可以参照式（4-36）、式（4-37）分别确定某一频率下幅值的不确定度和相位不确定度。

以单项交流电功率测量为例，来说明上述方法的应用。单项交流电的瞬时功率 y 与瞬时电压 $x_1(t)$ 和瞬时电流 $x_2(t)$ 的关系为

$$y(t) = x_1(t) \times x_2(t) \qquad (4-98)$$

其中，瞬时电压为 $x_1(t) = V\sin\omega t$，瞬时电流为 $x_2(t) = C\sin(\omega t + \varphi)$。因为电机电路中有电感或电容，因此瞬时电压 $x_1(t)$ 和瞬时电流 $x_2(t)$ 之间有相位差 φ。瞬时电压 $x_1(t)$ 和瞬时电流 $x_2(t)$ 可以分别通过电流传感器和电压传感器经过同步采样获得。瞬时电压 $x_1(t)$ 和瞬时电流 $x_2(t)$ 的测量不确定度可以利用第4.5.3 节中的方法确定，设它们分别为 $u_{x1}(\omega)$ 和 $u_{x2}(\omega)$，即它们的具体值和频率 ω 有关。被测量 $y(t) = x_1(t) \times x_2(t)$，该运算后 $y(t)$ 会产生新的频率，证明如下：

$$y(t) = V\sin(\omega t) \times I\sin(\omega t + \varphi)$$

$$= \frac{1}{2}VI\{[\cos[\omega t + \varphi) - \omega t] - [\cos[\omega t + \varphi) + \omega t]\}$$

$$= \frac{1}{2}VI\cos\varphi - \frac{1}{2}VI\cos(2\omega t + \varphi) = \frac{1}{2}VI\cos\varphi + \sin\left(2\omega t + \varphi + \frac{\pi}{2}\right)$$

$$\qquad (4-99)$$

由上式可以看出,功率 $y(t)$ 的测量不确定度不能由瞬时电压 $x_1(t)$ 和瞬时电流 $x_2(t)$ 的测量不确定度 $u_{x1}(\omega)$ 和 $u_{x2}(\omega)$ 确定,这是因为 $y(t) = v(t) \times c(t)$ 不是线性运算,其运算结果产生了新频率 2ω。此时,功率 $y(t)$ 的测量可以利用第 3.4 节中的方法分别确定幅值的不确定度和相位的不确定度。

由上述分析可以得出以下结论:

(1) 若动态参量 $y(t)$ 通过间接测量获得,即 $y(t) = f(x_1(t), x_2(t), \cdots, x_n(t))$,而其中 $x_1(t), x_2(t), \cdots, x_n(t)$ 可以通过直接测量获得。只要 $y(t) = f(x_1(t), x_2(t), \cdots, x_n(t))$ 是非线性运算,则 $y(t)$ 的结果中会出现信号 $x_1(t), x_2(t), \cdots, x_n(t)$ 自身频率以外的频率。此时,$y(t)$ 的动态测量不确定度不能由 $x_1(t), x_2(t), \cdots, x_n(t)$ 的动态测量不确定度通过不确定度传播定律确定。

(2) 对于动态间接测量 $y(t) = f(x_1(t), x_2(t), \cdots, x_n(t))$,可以对运算结果 $y(t)$ 进行傅里叶变换,分别确定其舍入不确定度和截断不确定度,再参照第 4.1.2 节中的式(4-36)、式(4-37)分别确定某一频率下的幅值不确定度和相位不确定度。

4.6.2　反问题:多个虚拟仪器动态同步测量的不确定度分配问题

在给定被测量 $y(t) = f(x_1(t), x_2(t), \cdots, x_n(t))$ 有效值的测量不确定度,如果某一被测量 y 是通过间接测量得到,设 $y = f(x_1, x_2, \cdots, x_n)$,其中 $x_1, x_2, \cdots, x_n$ 为被测分量,它们可以分别通过 n 个测量仪器 I_1、I_2、$\cdots$、I_n 直接测量获得。如果给定 y 的有效值 y_{rms} 的测量不确定度 $u(y_{rms})$,如何确定 n 个测量仪器 I_1、I_2、$\cdots$、I_n 的不确定度 $u(x_{1rms})$、$u(x_{2rms})$、$\cdots$、$u(x_{nrms})$。

则依据不确定度传播定律,利用式(1-15)可得间接测量的合成不确定度 $u(y_{rms})$ 满足

$$\sqrt{\sum_{i=1}^{N} \left[\frac{\partial f}{\partial x_i} u(x_{i\,rms}) \right]^2 + 2\sum_{i=1}^{N-1} \sum_{j=i+1}^{N} \frac{\partial f}{\partial x_i} \frac{\partial f}{\partial x_j} r(x_{i\,rms}, x_{j\,rms}) u(x_{i\,rms}) u(x_{j\,rms})} \leqslant u(y_{rms})$$

$$(4-100)$$

式中　N——输入量的数量;

$\dfrac{\partial f}{\partial x_i}$——测量函数对于第 i 个输入量 X_i 在估计值 x_i 点的偏导数,称为

灵敏系数;

$u(x_i)$——输入量 x_i 的标准不确定度;

$u(x_j)$——输入量 x_j 的标准不确定度；

$r(x_i, x_j)$——输入量 x_i 与 x_j 的相关系数估计值，$i \neq j$；

$r(x_{i\text{rms}}, x_{j\text{rms}})u(x_{i\text{rms}})u(x_{j\text{rms}})$——输入量 x_i 与 x_j 的协方差估计值，
$$i \neq j_\circ$$

假设 x_1 为对被测量结果影响最大的量，令

$$\frac{u(x_{2\text{rms}})}{u(x_{1\text{rms}})} = k_{21}; \frac{u(x_{3\text{rms}})}{u(x_{1\text{rms}})} = k_{31}; \cdots; \frac{u(x_{2\text{rms}})}{u(x_{1\text{rms}})} = k_{n1}; k_{i1} < 1, i = 1, 2, 3, \cdots, n$$

$$(4-101)$$

将上述表达式代入式(4-100)，可得

$$u(x_{1\text{rem}})\sqrt{\sum_{i=1}^{N}\left(\frac{\partial f}{\partial x_i}k_{i1}\right)^2 + 2\sum_{i=1}^{N-1}\sum_{j=i+1}^{N}\frac{\partial f}{\partial x_i}\frac{\partial f}{\partial x_j}r(x_{i\text{rms}}, x_{j\text{rms}})k_{i1}k_{j1}} \leqslant u(y_{\text{rms}})$$

$$(4-102)$$

为求得 u_{I1} 的最大值，可令

$$G(x_1, x_2, \cdots, x_n) = \sum_{i=1}^{N}\left(\frac{\partial f}{\partial x_i}k_{i1}\right)^2 + 2\sum_{i=1}^{N-1}\sum_{j=i+1}^{N}\frac{\partial f}{\partial x_i}\frac{\partial f}{\partial x_j}r(x_i, x_j)k_{i1}k_{j1}$$

$$(4-103)$$

由于 $x_1, x_2, \cdots, x_n$ 有各自的量程范围，即 $x_1 \in [l_1, r_1]$，$x_2 \in [l_2, r_2]$，$\cdots$，$x_n \in [l_n, r_n]$。当 $\frac{\partial f}{\partial x_i}$，$i = 1, 2, \cdots, n$ 连续时，多元函数 $G(x_1, x_2, \cdots, x_n)$ 为闭区间上的连续函数，必有最大值和最小值。设其最大值为 $G_{\max}(x_1, x_2, \cdots, x_n)$，则当

$$u(x_{1\text{rms}}) \leqslant \frac{u_{\text{rms}}(y)}{\sqrt{\sum_{i=1}^{N}\left(\frac{\partial f}{\partial x_i}k_{i1}\right)^2 + 2\sum_{i=1}^{N-1}\sum_{j=i+1}^{N}\frac{\partial f}{\partial x_i}\frac{\partial f}{\partial x_j}r(x_i, x_j)k_{i1}k_{j1}}}$$

$$\leqslant \frac{u(y_{\text{rms}})}{\sqrt{G_{\max}(x_1, x_2, \cdots, x_n)}} \qquad (4-104)$$

就可以满足式(4-104)。

之后再依据式(4-101)可以确定 I_2、I_3、$\cdots$、I_n 的有效值测量不确定度 $u(x_{1\text{rms}})$、$u(x_{2\text{rms}})$、$\cdots$、$u(x_{n\text{rms}})$：

$$u_{I2} = k_{21}u_{I1}; u_{I3} = k_{31}u_{I1}; \cdots; u_{In} = k_{n1}u_{I1}; k_i < 1, i = 1, 2, 3$$

$$(4-105)$$

用上述方法在确定了 n 个测量仪器 I_1、I_2、…、I_n 的有效值测量不确定度 u_{I1}、u_{I2}、…、u_{In} 后，就可以利用第 3.6.2 节提出的方法为 n 个测量仪器中的每一个仪器的传感器、信号调理器、ADC 和算法分配不确定度。

当测量 x_1，x_2，…，x_n 中的每一个对被测量 y 的影响"相当"时，可以按照"等不确定度"原则 $u_{I1}=u_{I2}=\cdots=u_{In}$，初步确定仪器 I_1、I_2、…、I_n 的不确定度，因而由上式可得

$$u(x_{1\mathrm{rms}}) \leqslant \frac{u(y_{\mathrm{rms}})}{\sqrt{\sum_{i=1}^{N}\left(\frac{\partial f}{\partial x_i}\right)^2 + 2\sum_{i=1}^{N-1}\sum_{j=i+1}^{N}\frac{\partial f}{\partial x_i}\frac{\partial f}{\partial x_j}r(x_{i\mathrm{rms}},\ x_{j\mathrm{rms}})}} \leqslant \frac{u(y_{\mathrm{rms}})}{\sqrt{G_{\max}(x_{1\mathrm{rms}},\ x_{2\mathrm{rms}},\ \cdots,\ x_{n\mathrm{rms}})}} \tag{4-106}$$

在确定 n 个测量仪器 I_1、I_2、…、I_n 的不确定度 u_{I1}、u_{I2}、…、u_{In} 之后，可以按照第 3.5.2 节的方法确定 n 个测量仪器的传感器、信号调理器、ADC 和算法的测量不确定度。

对于虚拟仪器动态间接测量，其测量不确定度评定正问题可以对仪器测量结果进行傅里叶变换，求得幅频特性和相频特性，进而可以评定其幅值不确定度和相位不确定度；对于反问题，即间接测量不确定度的分配问题，可以依据不确定度传播定律，对每一个仪器测量的有效值的不确定度进行分配。

参考文献

[1] 荆学东，黄鞾霖，陈芷，等. 基于频率特性的传感器动态测量不确定度评估[J]. 船舶工程，2016，38(8)：67－70.

[2] 张智慧，荆学东，丁虎. 噪声对高速 ADC 的动态性能影响分析[J]. 船舶工程，2015，37(3)：58－61.

[3] IEEE Standard for Terminology and Test Methods for Analog-to Digital-Converter：Std 1241－2000[S].

附　　录

附录 1　基 2-FFT 算法的不确定度评定程序

```c
#include <stdio. h>
#include <stdlib. h>
#include <math. h>
const int N=1024;
const float PI=3. 1416;
inline void swap(float &a,float &b)
{
        float t;
        t=a;
        a=b;
        b=t;
}
void bitrp(float xreal [],float ximag [],int n)
{
        int i,j,a,b,p;
        for(i=1,p=0;i<n;i * =2)
        {
                p++;
        }

        for(i=0;i<n;i++)
        {
```

```
        a=i;
        b=0;
        for(j=0;j<p;j++)
    {
        b=(b<<1)+(a&1);
        a>>=1;
    }
        if(b>i)
    {
        swap(xreal [i],xreal [b]);
        swap(ximag [i],ximag [b]);
    }
}
}


void FFT(float xreal [],float ximag [],int n)
{
    float wreal [N/2],wimag [N/2],treal,timag,ureal,uimag,arg;
    int m,k,j,t,index1,index2;
    bitrp(xreal,ximag,n);
    arg=-2 * PI/n;
    treal=cos(arg);
    timag=sin(arg);
    wreal [0]=1. 0;
    wimag [0]=0. 0;
    for(j=1;j<n/2;j++)
    {
        wreal [j]=wreal [j-1] * treal-wimag [j-1] * timag;
        wimag [j]=wreal [j-1] * timag+wimag [j-1] * treal;
    }
    for(m=2;m<=n;m * =2)
    {
```

```
        for(k=0;k<n;k+=m)
    {
            for(j=0;j<m/2;j++)
    {
                    index1=k+j;
                    index2=index1+m/2;
                    t=n*j/m;
                    treal=wreal[t]*xreal[index2]-wimag[t]*
ximag[index2];
                    timag=wreal[t]*ximag[index2]+wimag[t]
*xreal[index2];
                    ureal=xreal[index1];
                    uimag=ximag[index1];
                    xreal[index1]=ureal+treal;
                    ximag[index1]=uimag+timag;
                    xreal[index2]=ureal-treal;
                    ximag[index2]=uimag-timag;
        }
    }
}
}
    void  IFFT(float xreal[],float ximag[],int n)
    {
        float wreal[N/2],wimag[N/2],treal,timag,ureal,uimag,arg;
        int m,k,j,t,index1,index2;
        bitrp(xreal,ximag,n);
        arg=2*PI/n;
        treal=cos(arg);
        timag=sin(arg);
        wreal[0]=1.0;
        wimag[0]=0.0;
        for(j=1;j<n/2;j++)
```

```
{
        wreal [j]=wreal [j-1] * treal-wimag [j-1] * timag;
        wimag [j]=wreal [j-1] * timag+wimag [j-1] * treal;
}
    for(m=2;m<=n;m * =2)
{
        for(k=0;k<n;k+=m)
    {
            for(j=0;j<m/2;j++)
    {
                index1=k+j;
                index2=index1+m/2;
                t=n * j/m;
                treal=wreal [t] * xreal [index2]-wimag [t] * ximag [index2];
                timag=wreal [t] * ximag [index2]+wimag [t] * xreal [index2];
                ureal=xreal [index1];
                uimag=ximag [index1];
                xreal [index1]=ureal+treal;
                ximag [index1]=uimag+timag;
                xreal [index2]=ureal-treal;
                ximag [index2]=uimag-timag;
        }
    }
}
    for(j=0;j<n;j++)
{
        xreal [j]/=n;
        ximag [j]/=n;
}
}


void FFT_run()
```

```c
{
    char inputfile []="input. txt";
    char outputfile []="output. txt";
    float xreal [N]={}, ximag [N]={};
    int n,i;
    FILE * input, * output;
    if(! (input=fopen(inputfile,"r")))
{

        printf("Cannot open file. ");
        exit(1);
}

    if(! (output=fopen(outputfile,"w")))
{

        printf("Cannot open file. ");
        exit(1);
}


    i=0;
    while((fscanf(input,"%f%f",xreal+i,ximag+i))! =EOF)
{

        i++;
}
    n=i;
    while(i>1)
{

        if(i%2)
{

            fprintf(output,"%d is not a power of 2!",n);
            exit(1);
}
        i/=2;
}
```

```
    FFT(xreal,ximag,n);
    fprintf(output,"FFT：    i       real imag");
    for(i=0;i<n;i++)
{
        fprintf(output,"%4d      %8.4f      %8.4f",i,xreal[i],ximag[i]);
}

    fprintf(output," ********************* ");
    IFFT(xreal,ximag,n);
    fprintf(output,"IFFT：    i       real imag");
    for(i=0;i<n;i++)
{
        fprintf(output,"%4d      %8.4f      %8.4f",i,xreal[i],ximag[i]);
}

    if(fclose(input))
{
        printf("File close error. ");
        exit(1);
}

    if(fclose(output))
{
        printf("File close error. ");
        exit(1);
}
}
}
int main()
{
    FFT_run();
    return 0;
}
```

附录 2　基于神经网络的 ADC 动态测量不确定度评定仿真程序

① 数据的准备

%input_train,output_train 是训练输入、输出原始数据

%inputn,outputn 是归一化后的数据

%inputs,outputs 是数据归一化后得到的结构体

```
[inputn,inputs]=mapminmax(input_train);
[outputn,outputs]=mapminmax(output_train);
```

② 训练与评估

%BP 神经网络构建

```
net=newff(input,output,5);
```

%网络参数的配置(迭代次数、学习率和目标)

```
net. trainparam. epochs=100;
net. trainparam. Ir=0. 1;
net. trainparam. goal=0. 0004;
```

%BP 神经网络训练

```
net=train(net,inputn,outputn);
```

③ 数据预测与结果输出

%预测数据归一化

```
input_test=mapminmax('apply',input_test,inputs);
```

%BP 神经网络预测输出

```
an=sim(net,inputn_test);
```

%输出结果反归一化

```
BPoutput=mapminmax('reverse',an,outputs);
```

%网络预测结果图形

```
figure(1)
plot(BPoutput,':og')
hold on
plot(output_test,'— *');
legend('预测输出','期望输出');
title('BP 网络预测输出','fontsize',12);
```

```
xlabel('函数输出','fontsize',12);
ylabel('样本','fontsize',12);
%网络预测误差图形
figure(2)
plot(error,'— *');
title('BP 网络预测误差','fontsize',12);
xlabel('误差','fontsize',12);
ylabel('样本','fontsize',12);
%预测标准不确定度
ui=error/sqrt(3);
figure(3)
plot(ui,'— *')
title('神经网络预测标准不确定度')
%预测合成标准不确定度
uy=sum(ui.^2)
uc=sqrt(uy)
figure(4)
plot(uc,'— *')
3) title('神经网络预测标准合成不确定度')
```

E *pilogue*

后　记

　　虚拟仪器的测量不确定度评定问题较为复杂,目前国内外尚没有公认而有效的解决办法。对于虚拟仪器技术,本书作者自 2001 年攻读博士学位开始至 2019 年,进行了长达近 20 年的研究。特别是在作者的博士论文和作者承担的国家自然科学基金项目"基于微分流形理论的虚拟仪器测量不确定度评估方法研究"课题中研究了虚拟仪器测量不确定度评定涉及的正问题和反问题。

　　针对虚拟仪器静态测量,本书分别提出了基于 Gram-Chariler 级数展开法及基于卷积方法的两种方法评定传感器、信号调理器、ADC 的静态测量不确定度。这也是目前关于传感器、信号调理器和 ADC 测量不确定度较为实用的方法。

　　在虚拟仪器中软件(算法)起到了关键性的作用,算法的不确定度是当前虚拟仪器测量不确定度评定中研究较为薄弱的环节,尤其是在什么情况下算法的不确信度可以忽略,而在什么情况下不能忽略,都需要给出依据。本书较为详细地分析了算法中的两类不确定度,包括舍入不确定度和截断不确定度,并以傅里叶变换这一应用最为广泛的算法为例,较为全面地分析并提出了其舍入不确定度、截断不确定度及算法合成不确定度的评定方法。其他算法的测量不确定度评定基本上可以参照傅里叶变换的不确定度评定流程进行。

　　在静态测量场合,本书通过引入相对不确定度,尝试建立虚拟仪器的静态测量不确定度与传感器、信号调理器、ADC 及算法的测量不确定度之间的量化关系,从而为虚拟仪器静态测量的正问题的解决提供了一种途径。

　　对于虚拟仪器静态测量不确定度评定反问题,本书基于相对不确定度,提出了传感器、信号调理器、ADC 及算法不确定度的分配原则和分配方法，从而可以为静态场合的虚拟仪器设计提供依据。

在动态测量场合，首先需要解决的问题也是传感器、信号调理器、ADC 及算法的不确定度评定问题。对于传感器和信号调理器，书中采用的方法是分析其幅频特性和相频特性，并确定其分布规律，在指定置信系数的前提下，依据 GUM 的原则确定其不确定度。这些方法基本上可以满足传感器和信号调理器的动态测量不确定度评定要求。

ADC 是从模拟量转化为数字量的关键环节。针对 ADC 的结构特点和功能，本书基于 Z 变换和基于神经网络方法分别研究并建立了 ADC 的不确定度评定方法。相对而言，基于 Z 变换的方法比后者更为实用，这是因为后者需要搭建专用的 ADC 性能测试平台。

对于软件算法而言，由于目前计算机的位数（字长）较高且 CPU 运算速度较快，算法的动态测量不确定度在一般情况下可以参照静态测量不确定度的评定方法进行评定。

为了解决虚拟仪器动态直接测量不确定度评定正问题，本书通过引入相对测量不确定度，以获得某一频率下传感器、信号调理器、ADC 及算法的动态相对测量合成不确定度，之后建立在动态测量条件下，虚拟仪器的幅值相对不确定度和相位不确定度与这四个环节的幅值相对测量不确定度和相位不确定度的定量关系。基于这种定量关系，可以检验和分析已有仪器在动态测量场合下的幅值不确定度和相位不确定度指标。当然，书中还提出了基于傅里叶变换进行虚拟仪器动态直接测量不确定度评定的方法。

对于虚拟仪器动态直接测量中的测量不确定度评定的反问题，本书以传感器的相对测量不确定度为"基准"，引入了相对系数法，再通过求解仪器测量结果的相对不确定度与传感器、信号调理器、ADC 及算法的相对不确定度的关系方程，先确定传感器的相对测量不确定度，并依此确定信号调理器、ADC 及算法的相对不确定度。这些计算结果可以作为选择传感器、信号调理器、ADC 及算法的依据。当然，书中还提出了基于傅里叶变换的虚拟仪器动态直接测量不确定度评定方法。

在虚拟仪器动态间接测量不确定度评定的反问题中，有效值是经常需要研究和分析的对象。为解决有效值的测量不确定度评定，通过引入相对系数法,依据 GUM 中的"不确定度传播定律"先确定各个测量分量中"最难测量的分量"的有效值的不确定度,再依此确定其余被测分量的有效值的不确定度。所有这些分量的有效值不确定度可以作为与它们相关的虚拟仪器的测量不确定度指标。依据这些指标,可以分别确定传感器、信号调理器、ADC 及算法的不确定度,从而为这些环节的选型提供依据。

然而研究无止境。针对静态测量,本书提出的正问题和反问题解决办法基本上能满足虚拟仪器静态测量的分析和设计需求,但对于动态测量场合,本书提出的动态测量不确定度评定方法依然是初步和阶段性的,这是因为动态测量仪器是一个非线性系统,而目前对于非线性问题尚没有公认有效的解决办法。为了深入研究虚拟仪器的动态测量不确定度问题,需要进一步研究由传感器、信号调理器、ADC 及算法组成的动态系统模型,以及各自的动态测量不确定度模型。

作　者